Le collège de la cité

Coéditée par les Éditions Le Pommier et la Cité des sciences et de l'industrie, la collection « Le collège de la cité » reprend, chaque année, une douzaine des conférences données dans le cadre du *Collège de la Cité des sciences et de l'industrie.*

Dans le même esprit – construire les outils d'une culture scientifique partagée et nourrir le dialogue science/société –, les textes, simples et originaux, sont élaborés spécialement pour la collection, sous la forme de petits ouvrages accessibles.

Bernard Dujon

Comment évoluent nos gènes ?

Éditions
Le Pommier
cité des sciences & de l'industrie

À mes enfants

mise en pages : Marina Smid
relecture : Valérie Gautheron

N° ISBN 2-7465-0178-3
Éditions Le Pommier, 239, rue Saint-Jacques, 75005 Paris

Introduction

La propriété fondamentale de la vie, celle qui différencie les organismes vivants du monde inanimé, c'est la reproduction. En 1970, alors que l'on en savait bien moins qu'aujourd'hui sur les génomes et leur évolution, François Jacob écrivait, dans *La Logique du vivant*: «Peu de phénomènes se manifestent avec autant d'évidence dans le monde vivant que la formation du semblable par le semblable.» Une souris naît de deux souris, un père et une mère, dont chacune est elle-même née de deux souris, etc. De nombreux autres exemples auraient convenu, dont celui de l'homme, évidemment. À l'échelle de la vie humaine, la lignée des souris semble pouvoir se perpétuer de façon éternelle, comme elle semble aussi remonter à l'infini dans le passé.

Ce n'est pourtant pas le cas : l'histoire de la vie sur la Terre, reconstituée à partir des fossiles, nous montre que des organismes très différents nous ont précédés, dont la plupart ont disparu, en un temps où les souris, comme nous-mêmes, n'existaient pas encore. Cette même histoire nous montre aussi que, dans les grandes lignes au moins, les organismes vivants ont évolué vers toujours plus de diversité et de complexité, comme si un étonnant progrès intrinsèque était inscrit dans le déroulement même de la vie. À partir des premiers organismes unicellulaires, vivant il y a plus d'un milliard et demi d'années, apparaissent successivement des organismes de plus en plus sophistiqués et de plus en plus diversifiés. Plantes, animaux, champignons, algues, bactéries ou hommes, malgré leurs différences, sont les descendants actuels des mêmes ancêtres lointains. Alors comment réconcilier le maintien du semblable à chaque génération, c'est-à-dire la reproduction conforme, avec les changements considérables qui se font au cours de l'évolution ? Et pourquoi cette tendance au plus complexe, cette sorte de progrès ?

En nous éclairant sur la nature intime du matériel génétique et sur ses modes de fonctionnement, les découvertes de la génétique moléculaire nous conduisent à constater que les deux phénomènes, apparemment antagonistes, reproduction conforme et évolution – similitude et changement –, ne sont en réalité que deux facettes des mêmes mécanismes moléculaires de l'hérédité se révélant à des échelles de temps différentes. Les résultats récents de la génomique, en nous permettant d'identifier tous les constituants des génomes, nous montrent comment ces derniers interviennent pour faire évoluer les organismes vers une plus grande complexité.

Avec les rapides progrès des recherches qui leur sont consacrées, on entend de plus en plus souvent parler de génomes, au point que l'on pourrait croire que le génome humain, bien sûr, mais aussi les génomes de microbes, de plantes ou d'animaux seraient des concepts nouveaux. Or le terme « génome » n'est pas récent : il a été introduit par Hans Winckler en 1920 pour désigner le lot complet de tous les facteurs héréditaires d'un organisme vivant, observables à l'époque sous la forme des chromosomes qui les portent et définissables grâce aux premiers travaux de la génétique. Aujourd'hui, les génomes font à la fois naître d'immenses espoirs, en médecine ou en agronomie par exemple, et craindre des dérives incontrôlables dans ces mêmes domaines. Mais si les gènes et les génomes sont devenus objets de débats médiatiques, il n'est peut-être pas toujours aisé pour le public de comprendre leur nature exacte. Combien de personnes sont-elles prêtes à admettre que leur vie dépend de leurs gènes ? De quels gènes ? De combien de gènes ? Car, quand on parle de gènes humains, on sous-entend souvent ceux dont les altérations sont la cause de maladies : thalassémie, mucoviscidose, diabète, etc., la liste est très longue – même certains cancers sont héréditaires. Ces gènes ne sont pourtant que l'infime partie visible, simplifiée jusqu'à la caricature, de l'édifice beaucoup plus complexe qui constitue notre génome.

Il n'est pas étonnant que, pour beaucoup de personnes, gènes et génomes restent des entités abstraites, difficiles à concevoir. Chez l'homme, comme chez toutes les espèces vivantes, le génome n'est pas un organe identifiable, comme le sont le cœur, le cerveau ou les reins. Il n'est pas visible à l'œil nu, il n'est pas non plus localisable dans une partie du corps, car il se trouve dans chacune des cellules de notre organisme. Et comme le corps d'un adulte est constitué de près de cent mille milliards de cellules, c'est autant de copies de notre génome que nous portons en nous-mêmes ; nous en portons même le double, en réalité, car chacune de nos cellules possède deux lots complets de chromosomes, ces petits éléments cellulaires qui portent les gènes et dont l'ensemble constitue le génome.

Nous héritons de ces chromosomes de nos parents, par le biais des cellules sexuelles, les gamètes (ovule et spermatozoïde), qui forment l'œuf à l'origine de notre existence. De la même façon, nous les transmettons à nos enfants, toujours par le biais des gamètes. Ce faisant, ce ne sont donc que les copies de notre génome se trouvant dans les gamètes qui seront transmises à la génération suivante. Les autres copies, celles qui se trouvent dans les cellules somatiques (toutes les autres cellules du corps, qui ne contribuent pas directement à la reproduction), ne dureront que le temps de la vie de l'individu qui les porte. Elles n'en sont pourtant pas moins importantes, car ce sont ces copies du génome qui déterminent les caractéristiques et le fonctionnement de l'organisme, ce que l'on appelle son « phénotype ». On entrevoit déjà ici la dualité intrinsèque du rôle du génome : par son fonctionnement au niveau de chaque cellule du corps, il détermine le développement et la vie de l'organisme ; par sa transmission de génération en génération, il assure la perpétuation de l'espèce.

Mais il assure aussi l'évolution de l'espèce, car les génomes évoluent à chaque génération et, par voie de conséquence, les organismes vivants aussi, homme compris. Nous ne serions pas aptes à discuter ici de l'évolution des gènes et des génomes si ceux de nos ancêtres n'avaient pas évolué pour nous donner le langage et un cerveau suffisant! Cette extraordinaire aptitude à la complexité est inscrite dans les constituants mêmes des génomes et dans les processus héréditaires. Le monde vivant est composé des mêmes atomes que le monde inanimé et, de ce fait, la biologie s'appuie sur les lois de la physique et de la chimie, qu'elle ne contredit jamais; mais ce qui différencie le vivant de l'inanimé et explique sa plus grande complexité est précisément l'hérédité, qui lui confère une capacité unique à créer une continuité historique. Par opposition aux souris, un nuage, par exemple, se forme à une date et en un lieu précis, quand sont réunies un certain nombre de conditions physico-chimiques telles que pression, température et humidité. Mais ce nuage ne conserve aucune trace de la présence éventuelle au même endroit d'un autre nuage, similaire ou non, à une date antérieure. Il est constitué entièrement de neuf par assemblage des atomes et des molécules qui le composent. Il ne laissera lui-même aucune trace de son existence pour les nuages suivants. Il n'y a pas d'hérédité des nuages. Il n'y a donc pas d'évolution possible des nuages, sauf si les conditions physico-chimiques sont modifiées. Au contraire, dès la formation de l'œuf qui lui donnera naissance, la souris, comme n'importe quel autre organisme vivant, dispose du patrimoine héréditaire de ses parents, qui eux-mêmes disposaient du patrimoine de leurs parents, etc. Si la souris est beaucoup plus complexe que le nuage, c'est qu'elle hérite de la complexité de ses ancêtres, inscrite dans son génome, qui est à la fois mémoire du passé, déterminant du présent et, comme on le verra en étudiant ses composants et leurs propriétés, moteur de l'évolution à venir.

Pour aborder le problème de l'évolution biologique en termes scientifiques, il est donc nécessaire de se plonger d'abord dans le détail des constituants des génomes et de comprendre leur fonctionnement. Ces connaissances n'ont pas été acquises en un jour et, pour y parvenir, on a dû étudier un grand nombre de systèmes biologiques n'ayant pas nécessairement un intérêt pratique immédiatement perceptible par le public ou les gouvernements. Mouches, vers, bactéries, levures, virus, champignons, plantes, amibes, souris, poissons ont joué un rôle considérable et continuent de le faire. Les découvertes successives ont laissé leur trace dans un vocabulaire particulier, parfois déroutant, dont le lecteur trouvera la signification au fil de la lecture et dans le Glossaire. Avec les connaissances actuelles, issues de toutes ces études, on commence à entrevoir comment évoluent nos gènes.

1

Le matériel génétique : chromosomes, gènes et ADN

Le matériel génétique peut être étudié à différents niveaux dans l'échelle des complexités, depuis les atomes qui le constituent jusqu'aux structures macromoléculaires les plus complexes : les chromosomes, qui portent les gènes et assurent leur distribution dans la descendance (voir la figure 1). À chaque niveau apparaissent des propriétés différentes, mais toutes importantes pour comprendre comment évoluent les gènes. Les méthodes d'analyse qui nous donnent accès à ces différents niveaux ne sont évidemment pas les mêmes, et elles ne datent pas non plus des mêmes époques. Elles nous renvoient des

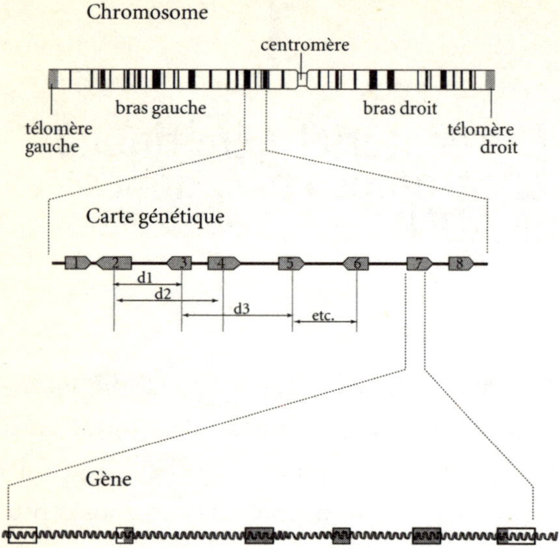

Figure 1 : Trois images différentes du matériel génétique en fonction des niveaux d'observation et des méthodes d'analyse. Les chromosomes (haut) portent les gènes qui peuvent être placés sur les cartes génétiques (centre) où sont mesurées les distances qui les séparent (ici notées d1, d2, d3…). Chaque gène est lui-même constitué d'une succession de nucléotides le long de la molécule d'ADN (bas) et est subdivisé en différents éléments (les « boîtes ») dont la nature exacte sera précisée plus loin et dans la figure 5.

images différentes du même matériel génétique dont l'intégration intellectuelle est nécessaire pour appréhender la réalité. Les gènes sont les unités fonctionnelles du matériel génétique, celles qui déterminent les caractères de l'organisme (son phénotype) et son développement. Chaque chromosome porte de nombreux gènes, placés dans un ordre bien précis les uns par rapport aux autres, ordre représenté par la carte génétique. Chaque gène est constitué de nombreux nucléotides qui, eux aussi, se suivent dans un ordre bien précis constituant ce que l'on appelle la « séquence ». Et chaque nucléotide est lui-même formé de nombreux atomes, évidemment liés chimiquement les uns aux autres dans une structure tridimensionnelle précise. On notera que si, comme tout composant de la matière, le matériel génétique se déploie de manière tridimensionnelle dans l'espace, ses propriétés importantes pour l'hérédité lui confèrent un comportement de structure à une seule dimension : les cartes génétiques, comme les séquences, sont unidimensionnelles. C'est la modification de l'ordre des éléments (gènes et nucléotides) le long de ces structures unidimensionnelles qui permet l'évolution.

Les chromosomes, les cartes génétiques et leurs altérations

Les chromosomes furent observés à la fin du XIXe siècle (le mot « chromosome » – étymologiquement « corpuscule coloré » – fut introduit par Wilhelm von Waldeyer en 1888). Ils étaient décrits comme des filaments qui, grâce aux techniques de coloration, devenaient visibles sous le microscope dans les cellules animales ou végétales lorsque celles-ci entraient en phase de division. Avec les techniques modernes, nous sommes maintenant capables d'isoler des chromosomes entiers. Il s'agit d'énormes complexes macromoléculaires. Chaque chromosome est constitué d'une seule molécule d'ADN (acide désoxyribonucléique) qui, associée à de nombreuses molécules de protéines spécifiques, forme la chromatine. Le rôle joué par les chromosomes dans l'hérédité ne fut compris qu'après la redécouverte des lois de Mendel, au tout début du XXe siècle. C'est principalement la mouche du vinaigre, ou drosophile, qui nous mit sur la voie. Certains de ses gènes (on les appelait alors des « facteurs héréditaires ») tendaient à se transmettre en groupe d'une génération à l'autre au lieu de s'associer au hasard, comme s'ils étaient liés entre eux. En mesurant cette tendance (la force de cette liaison génétique), on pouvait placer les gènes les uns par rapport aux autres dans un ordre précis le long de chaque chromosome, les gènes fortement liés étant considérés comme voisins. Les cartes génétiques étaient nées. On parle de « locus » pour désigner la position d'un gène donné sur une telle carte. Plus les gènes sont proches les uns des autres sur les chromosomes (plus leurs loci sont proches sur la carte génétique), plus ils ont tendance à rester associés entre eux d'une génération à l'autre. Ce phénomène est vrai pour tous les organismes. La liaison entre gènes voisins joue un rôle important dans l'évolution. Elle nous aide aussi, en génétique humaine, à identifier les gènes dont les altérations sont responsables de maladies génétiques ou, dans le domaine végétal par exemple, à identifier des gènes d'intérêt agronomique : on repère le gène encore inconnu par rapport à ses voisins déjà connus. En comparant les cartes génétiques d'organismes différents, mais suffisamment apparentés, on discerne les événements qui se sont produits lors de l'évolution de leurs génomes.

Le nombre de chromosomes par cellule est une caractéristique de chaque espèce vivante. Dans l'espèce humaine, il y en a quarante-six. C'est le nombre « diploïde », car il y a en fait deux copies de chaque chromosome dans nos cellules somatiques. Plus précisément, chacun des chromosomes, numérotés de 1 (le plus grand) à 22 (le plus petit), se trouve en deux exemplaires, ce qui forme au total vingt-deux paires de chromosomes homologues chez tous les individus, tandis que les deux derniers chromosomes, appelés X et Y, différencient les sexes (une paire de chromosomes X pour les femmes, un seul chromosome X plus un chromosome Y pour les hommes). Ce mode de détermination du sexe est caractéristique des mammifères. Il en existe d'autres chez d'autres espèces animales. Dans les cellules sexuelles, ou gamètes, le nombre de chromosomes est « haploïde » (il n'y a qu'une copie de chaque chromosome).

Les chromosomes sont les unités qui assurent la répartition équitable du matériel génétique entre les cellules filles lors des divisions cellulaires, mitoses ou méioses.

La mitose est le processus par lequel une cellule (dite « cellule mère ») se divise en deux cellules génétiquement identiques (dites « cellules filles »). Avant la mitose, chacun des chromosomes de la cellule mère est entièrement dupliqué (par un processus que nous verrons plus loin), donnant naissance à deux copies identiques que l'on appelle « chromatides sœurs ». Pendant la mitose, chacune des cellules filles reçoit une des deux chromatides sœurs. Ainsi, chacune hérite d'une copie complète du matériel génétique de sa mère, qu'elle pourra elle-même transmettre à ses propres filles, et ainsi de suite. On voit que la formation du semblable par le semblable est déjà assurée à ce premier niveau, celui de la duplication des chromosomes et de leur répartition équitable entre les cellules filles.

La méiose est le processus par lequel une cellule diploïde donne naissance à quatre cellules haploïdes, comme c'est le cas lors de la formation des gamètes. Les méioses sont l'équivalent de deux mitoses successives (d'où les quatre cellules), mais fortement modifiées et partiellement enchevêtrées. À nouveau, avant la méiose, chacun des chromosomes de la cellule diploïde est entièrement dupliqué, mais, après cette duplication, les chromosomes homologues de chaque paire se retrouvent (on dit qu'ils s'« apparient »), formant ainsi une structure contenant quatre chromatides homologues. Une des quatre chromatides est ensuite transmise à chacune des quatre cellules filles. Ainsi, chaque cellule fille reçoit un lot complet de chromosomes, c'est-à-dire tout le génome de l'organisme, mais en une seule copie – c'est une cellule haploïde. Au cours de l'appariement, des échanges se produisent entre segments équivalents des chromatides homologues, aboutissant à des « recombinaisons génétiques ». La probabilité de recombinaison génétique entre deux loci augmente avec leur distance le long du chromosome, d'où la possibilité d'établir des cartes génétiques, comme nous l'avons déjà mentionné.

Pour permettre leur répartition entre les cellules au cours des mitoses et des méioses, les chromosomes sont très fortement condensés ; c'est pourquoi, au microscope, leur image est alors celle de bâtonnets plus courts que le diamètre de la cellule. Cette image ne doit pas induire en erreur : en réalité, hors des périodes de division cellulaire, les chromosomes ont une structure relâchée, nécessaire pour permettre l'expression génétique des gènes qu'ils portent (voir p. 44), et atteignent des longueurs qui dépassent largement le diamètre du noyau cellulaire, au sein duquel ils sont donc fortement repliés.

Les erreurs de répartition des chromosomes lors des mitoses ou des méioses conduisent parfois à des anomalies du nombre de chromosomes ; on parle alors d'« aneuploïdie ». Chez certains organismes, comme les champignons, les aneuploïdies sont fréquentes et bien tolérées ; elles peuvent donc jouer un rôle évolutif par la duplication simultanée d'un grand nombre de gènes (voir le chapitre 4). Chez l'homme, les aneuploïdies sont très mal tolérées. La plupart sont incompatibles avec la survie des embryons et disparaissent spontanément. Quelques-unes déclenchent des syndromes comme ceux de

Down (trisomie du chromosome 21, communément appelée « mongolisme »), de Turner ou de Klinefelter (anomalies du nombre des chromosomes sexuels).

Les cartes génétiques sont caractéristiques de chaque espèce vivante. C'est grâce à cette constance entre individus d'une même espèce que les premières altérations majeures des chromosomes ont pu être mises en évidence dès les débuts de la génétique, tout d'abord à partir de l'étude de la drosophile puis, un peu plus tard, de certains champignons filamenteux. On constata qu'après traitement de ces organismes par des agents mutagènes (les rayons X par exemple), des individus mutants apparaissaient, chez lesquels l'ordre des gènes le long des chromosomes était modifié. Ces altérations ont leurs équivalents quand on compare les génomes d'espèces différentes, ce qui montre qu'elles ont joué un rôle dans l'évolution. On distingue plusieurs types d'altérations chromosomiques, que l'on peut maintenant caractériser avec beaucoup de

Délétion

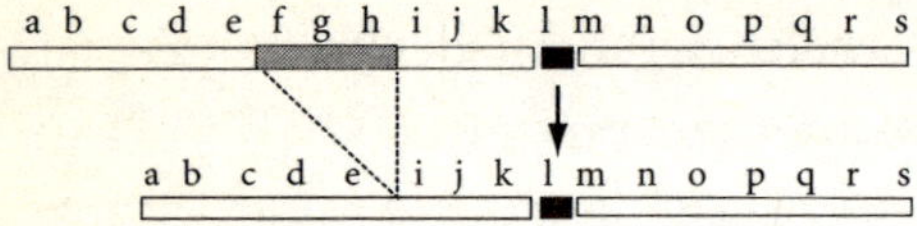

Duplication

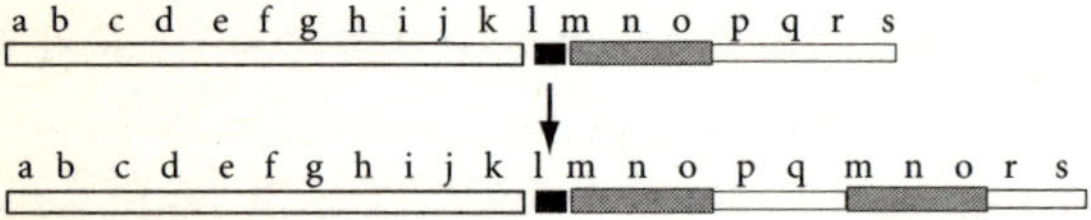

Inversion

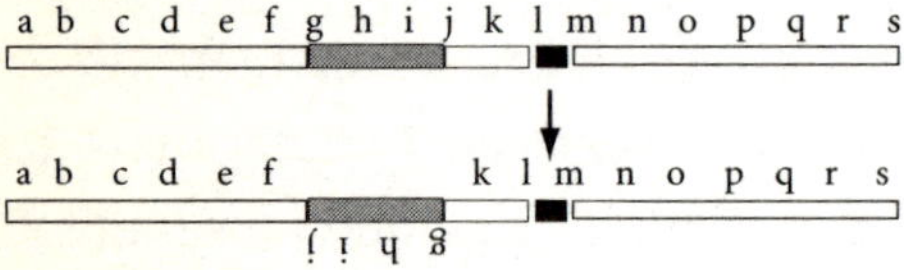

Translocation

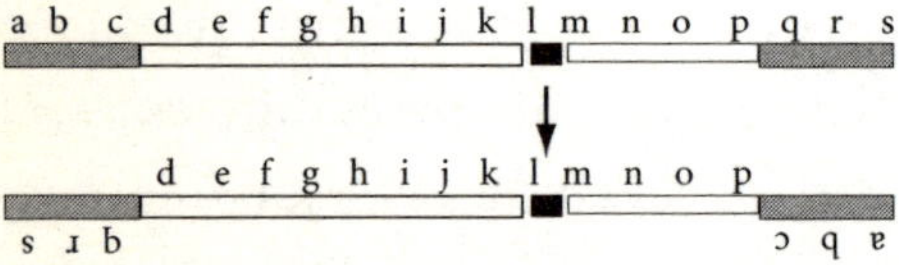

précision par les techniques modernes (voir la figure 2). Elles peuvent affecter des segments plus ou moins grands des chromosomes et donc concerner un nombre variable de gènes :
– Les « délétions » correspondent à la perte totale d'un segment de chromosome avec tous les gènes qu'il portait, les segments adjacents étant raboutés pour reformer un chromosome plus petit, mais toujours en un seul morceau. On peut s'étonner que la perte de gènes soit possible. Nous verrons que c'est, en fait, un événement très fréquent au cours de l'évolution.
– Dans les « duplications », une copie surnuméraire d'un segment de chromosome se forme soit sur le même chromosome que la

Figure 2 : Les principaux types d'altération des cartes chromosomiques que l'on trouve chez les mutants sont aussi ceux que l'on retrouve en comparant des génomes d'espèces proches. Ces altérations sont l'un des moteurs de l'évolution des génomes. Les chromosomes sont représentés par des barres. Les lettres symbolisent les gènes qui se succèdent le long des chromosomes.

copie initiale (duplication intrachromosomique), soit sur un autre chromosome (duplication interchromosomique). On verra l'importance capitale de ce phénomène dans l'évolution.

– Contrairement aux deux types d'altérations précédentes, les « inversions » et les « translocations » ne changent pas le nombre de gènes, mais seulement leur disposition le long des chromosomes : dans une inversion, un segment de chromosome est retourné sur lui-même par rapport à son orientation initiale ; dans une translocation, il est transféré en un autre endroit, sur le même chromosome ou sur un autre. Dans ce dernier cas, les translocations sont souvent réciproques, c'est-à-dire que deux chromosomes différents échangent des segments qui ne sont pas homologues, et qui sont la plupart du temps les extrémités de leurs bras. Les translocations sont souvent associées à des duplications de segments chromosomiques.

Les mécanismes qui déclenchent les altérations chromosomiques commencent à être bien connus. Ils impliquent souvent des éléments particuliers du génome, comme des séquences répétées ou des éléments génétiques mobiles, les transposons (voir le chapitre 3). De nombreux gènes les contrôlent, dont beaucoup furent identifiés par l'étude de levures et d'autres micro-organismes ; ils ont leurs homologues chez l'homme, car les mécanismes qui assurent le maintien du matériel génétique sont très bien conservés chez toutes les espèces vivantes. Des altérations chromosomiques peuvent apparaître dans certains tissus somatiques au cours de la vie, suite à l'action d'agents toxiques ou de certains virus, ou simplement à cause d'accidents dans l'activité normale des gènes. On parle alors d'anomalies « acquises », pour les distinguer des anomalies « constitutionnelles » qui, elles, apparaissent lors de la formation des gamètes et sont transmises, par l'intermédiaire de l'œuf, à toutes les cellules somatiques et à la descendance.

Les altérations chromosomiques occasionnent souvent une fertilité réduite. En effet, lorsque les recombinaisons génétiques normales de la méiose impliquent des échanges entre les chromosomes altérés et leurs homologues normaux, elles aboutissent à des structures chromosomiques aberrantes ne pouvant pas être transmises normalement aux cellules issues de cette méiose, c'est-à-dire aux gamètes, qui donnent naissance à la génération suivante. On peut donc se demander comment de tels événements peuvent expliquer l'évolution. Pourtant, lorsqu'on compare les génomes d'espèces distinctes, on retrouve clairement les traces de ces catégories d'altérations.

Structure et propriétés de l'ADN, la réplication

Observons maintenant le matériel génétique au niveau des atomes, d'un point de vue chimique. Depuis 1944, on sait que c'est l'ADN qui porte l'information héréditaire nécessaire à la reproduction conforme des organismes vivants. L'ADN est l'un des deux types d'acides nucléiques présents dans les cellules vivantes. L'autre est l'ARN, ou acide ribonucléique, que nous étudierons au chapitre suivant. Depuis 1953, on connaît la structure moléculaire de l'ADN, structure remarquable, car elle nous fournit l'explication de la reproduction conforme, nous permettant ainsi d'envisager un aspect important de l'évolution des génomes.

L'ADN est formé de deux chaînes dont les maillons sont des nucléotides (voir la figure 3). On parle de « chaînes polynucléotidiques » ou,

Figure 3 *(pages suivantes)* : Structure chimique des molécules d'ADN. Premier cadre : schéma général d'une double hélice replacée dans un plan ; on notera que chaque base d'un brin est appariée avec une base de l'autre brin selon une règle stricte : A avec T et G avec C, et que les polarités des deux brins sont inversées. Deuxième cadre : structure générale d'un nucléotide. Troisième cadre : structure de chacune des quatre bases (conventions chimiques habituelles).

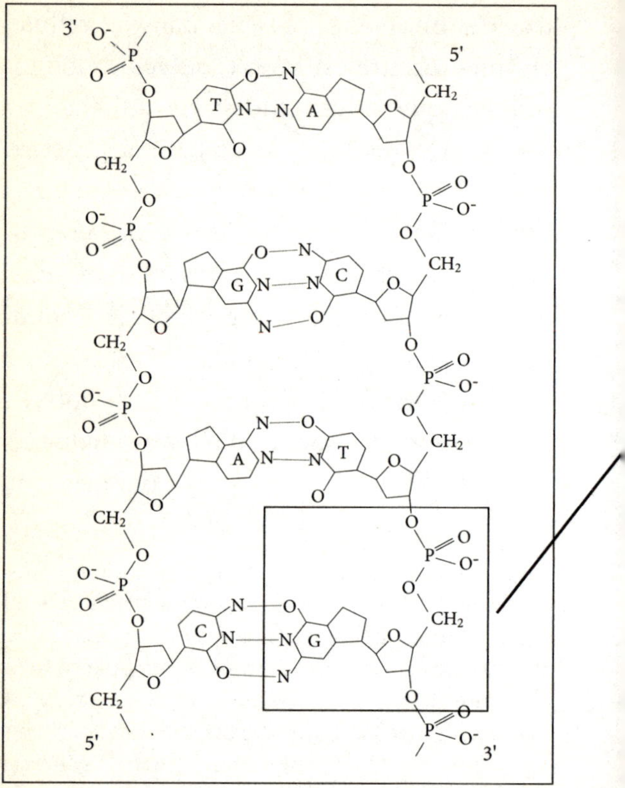
3'
5'
T
A
G
C
A
T
C
G
5'
3'

Un nucléotide

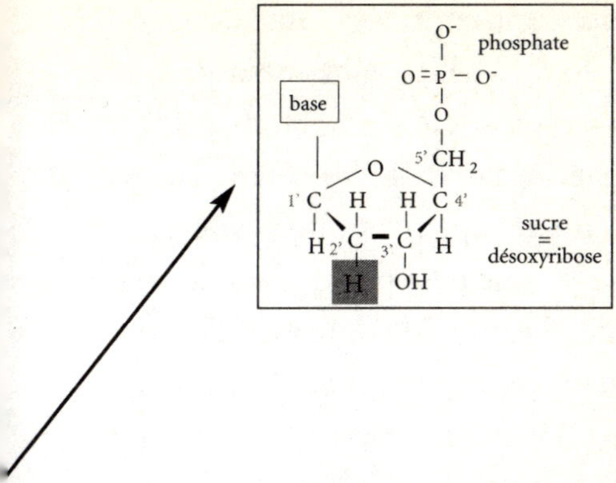

Les quatre bases de l'ADN

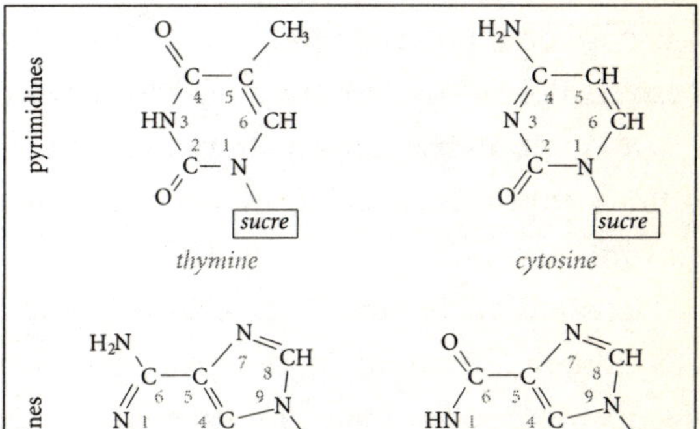

plus simplement, de « brins » d'ADN. Les deux chaînes sont enroulées l'une autour de l'autre, en double hélice. Chaque nucléotide est constitué d'un sucre à cinq atomes de carbones (numérotés de 1' à 5') portant, sur son carbone 5', un groupement phosphate et, sur son carbone 1', une base purique ou une base pyrimidique. Il existe deux purines, l'adénine (désignée dans les séquences par la lettre A) et la guanine (G), et deux pyrimidines, la thymine (T) et la cytosine (C). Il y a donc quatre sortes de nucléotides, chacun correspondant à la base qu'il porte. Le sucre de l'ADN est le désoxyribose, d'où le nom de la molécule. Il s'agit d'une exception biochimique notable dont l'importance apparaîtra au chapitre suivant.

Chaque nucléotide d'une chaîne polynucléotidique est lié chimiquement par son groupement phosphate au carbone 3' du sucre du nucléotide précédent. Tous les nucléotides d'une même chaîne sont donc dans la même orientation, ce qui confère une polarité chimique à la chaîne, car ses deux extrémités ne sont pas de même nature (on les désigne comme « extrémité 5' » et « extrémité 3' », selon le dernier atome de carbone du sucre qui arrive en bout de chaîne). Il est important de noter cette précision, car toutes les réactions biochimiques impliquant le matériel génétique et ses produits dans la cellule en dépendent. Toutes les liaisons chimiques au sein d'une chaîne sont des liaisons covalentes fortes. Chaque chaîne est donc stable.

Par contre, les deux chaînes d'une même molécule d'ADN sont appariées entre elles par une succession de liaisons chimiques faibles (liaisons hydrogène) formées entre les bases des nucléotides en raison de leur complémentarité de structure. Les deux chaînes peuvent donc se séparer l'une de l'autre sans se rompre, phénomène très important pour la réplication de la molécule d'ADN (voir plus loin) et la transcription des gènes (voir le chapitre suivant). L'adénine s'apparie avec la thymine (paire A/T ou T/A) et la guanine s'apparie avec la cytosine (paire G/C ou C/G). Noter que chaque paire de bases implique donc une purine et une pyrimidine. Les deux chaînes d'une même molécule d'ADN sont en orientation inverse l'une par rapport à l'autre, notion dont l'importance apparaîtra plus loin avec l'étude des gènes.

La succession des nucléotides le long d'une chaîne polynucléotidique constitue, nous l'avons vu, la séquence de cette chaîne, que l'on symbolise par la succession des lettres A, G, T et C. Pour tenir compte des processus biochimiques de réplication et de

Figure 4 : Représentation schématique d'une molécule d'ADN en cours de réplication. Les hélices représentent les chaînes polynucléotidiques, ou brins d'ADN. Les lettres (A, G, C et T) représentent les bases des nucléotides (voir la figure 3). La succession des lettres le long de chaque hélice forme la séquence de l'ADN. En respectant les polarités des brins et la règle d'appariement des bases, on voit comment se forment deux molécules d'ADN identiques à partir d'une seule.

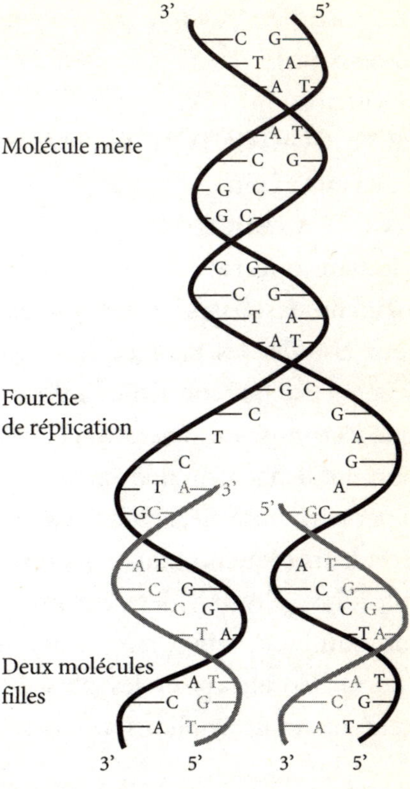
3'
5'
Molécule mère
Fourche
de réplication
Deux molécules
filles
3'
5'
3'
5'

transcription (voir plus loin), on écrit les séquences à partir de l'extrémité 5' des chaînes. Ainsi, par exemple, la séquence de l'un des deux brins de la molécule mère de la figure 4 s'écrira :
5'GATACGGGGATGCTCTGTGGAACA3'
et celle de l'autre brin :
5'TGTTCCACAGAGCATCCCCGTATC3'.

Le lecteur pourra s'amuser à retrouver l'appariement des bases ! C'est un exercice utile pour aborder les paragraphes suivants. C'est la séquence qui constitue l'information génétique transmise de génération en génération. Comme il n'y a qu'une seule molécule d'ADN par chromosome, les chaînes sont très longues et leurs séquences aussi. Par exemple, les molécules d'ADN des chromosomes humains comptent vingt-cinq millions de paires de nucléotides pour les plus courtes, deux cent quarante millions pour les plus longues.

La complémentarité des bases fait que, dans une même molécule d'ADN, la séquence d'une chaîne permet de déduire automatiquement celle de l'autre (en respectant les polarités). C'est ce que l'on fait couramment avec nos ordinateurs pour étudier les séquences des génomes, et c'est aussi ce que fait la cellule pour dupliquer son ADN. On parle ici de « réplication », afin de distinguer ce phénomène normal, qui se produit à chaque cycle cellulaire, des événements accidentels de duplication de gènes au cours de l'évolution (voir les chapitres 3 et 4). La réplication d'une molécule d'ADN se fait par synthèse de deux nouvelles chaînes après séparation des deux brins de la molécule mère. Chacun de ces deux brins sert de matrice pour la synthèse du nouveau brin complémentaire. La synthèse progresse nucléotide après nucléotide, par allongement de l'extrémité 3' de la nouvelle chaîne. Ceux qui le souhaitent pourront noter que, les polarités des deux nouvelles chaînes étant inversées, cela pose un problème particulier pour la synthèse de l'une d'elles. Mais l'explication de ce problème dépasse les besoins de ce livre. Après synthèse, chaque nouvelle chaîne reste appariée avec celle qui lui a servi de matrice. On obtient donc deux nouvelles molécules d'ADN dont les séquences sont identiques à celle de la molécule mère. Cette propriété est essentielle, car c'est elle qui explique la formation du semblable par le semblable dans le monde vivant.

Comme les molécules d'ADN qui constituent les chromosomes sont très longues, leur réplication ne se fait pas en partant d'une extrémité et en progressant vers l'autre, comme le suggère la figure 4 : cela prendrait beaucoup trop de temps. En réalité, chaque chromosome est constitué d'une succession de segments appelés « réplicons », qui se dupliquent tous simultanément (ou presque) avant les mitoses et les méioses. Les molécules d'ADN issues de la réplication de chaque réplicon sont ensuite recollées ensemble. Il semble que certains accidents jouant un rôle important dans l'évolution s'expliquent par cette organisation particulière (voir le chapitre 4).

La réplication de l'ADN implique une machinerie enzymatique complexe dont la plupart des éléments (des protéines) sont maintenant bien connus. Ils ont pour rôle de catalyser la synthèse des nouvelles chaînes par addition séquentielle de nucléotides, tout en s'assurant de la bonne observation de la règle d'appariement des bases, afin de minimiser le plus possible les erreurs. Celles qui subsistent à cette étape pourront encore être corrigées par la suite, car les cellules disposent de machineries moléculaires de « réparation ». L'examen détaillé de ces processus nous entraînerait beaucoup trop loin. Il suffit de nous souvenir qu'après la réplication chaque molécule d'ADN fille est constituée d'un brin ancestral (brin de la molécule mère) et d'un brin nouvellement synthétisé (voir la figure 4). Si une erreur de copie a été commise, les deux brins seront mal appariés et la cellule fille pourra réparer l'erreur en remplaçant le court segment du nouveau brin incriminé par une nouvelle copie partielle du brin ancien. L'altération par mutation des machineries de réplication ou de réparation de l'ADN entraîne des taux d'erreur très augmentés avec des conséquences importantes pour l'évolution (phénomène d'hypermutation) et même pour le développement des organismes. Chez l'homme, par exemple, il existe différents syndromes héréditaires de cette catégorie, le plus spectaculaire étant le syndrome de Werner, qui correspond au manque d'un seul composant du système de réparation de l'ADN (une hélicase ayant pour rôle de dérouler les deux chaînes d'ADN). Ce syndrome suffit à déclencher un vieillissement prématuré des individus affectés : âgés seulement d'une vingtaine d'années, ils ont déjà l'apparence de vieillards.

En situation normale, la réplication de l'ADN à chaque génération cellulaire est très fiable, ce qui explique que le semblable produise le semblable. Par exemple, on estime que chaque réplication du génome humain ne produit pas plus de trois fautes en moyenne (une faute pour un milliard de nucléotides). Mais évidemment, avec ces rares fautes, on quitte la copie conforme absolue. Le semblable n'est pas l'identique. Entre deux générations humaines, on estime qu'une moyenne de soixante-dix changements de séquence se produisent, suite aux nécessaires réplications de l'ADN (entre deux générations humaines, il faut plusieurs dizaines de générations cellulaires pour former un organisme capable de se reproduire). À chaque génération, les séquences vont donc imperceptiblement être modifiées, créant des divergences entre les descendants d'un même ancêtre qui vont aller en augmentant avec les générations successives. Ces divergences sont responsables du polymorphisme génétique entre les individus d'une même espèce, qui est l'une des bases de l'évolution (voir le chapitre 4).

Les gènes et leur expression

Il nous reste à examiner le matériel génétique à l'échelle intermédiaire entre les chromosomes et les atomes, celui des gènes. C'est à ce niveau que s'explique son fonctionnement dans la cellule, qui détermine le phénotype de l'organisme. Comprendre ce que sont les gènes et comment ils fonctionnent avec un minimum de détails est nécessaire pour aborder leur évolution.

Le mot « gène » fut introduit en 1909 par Wilhelm Ludvig Johannsen pour désigner l'unité élémentaire des particules héréditaires. L'influence de la physique quantique était évidente. On pensait alors que l'on ne pouvait pas fractionner les gènes, puisqu'ils constituaient une unité élémentaire.

La réalité s'est révélée un peu plus complexe. Au plan structural, les gènes correspondent à un morceau de la molécule d'ADN qui les porte, c'est-à-dire à plusieurs centaines ou milliers de nucléotides qui se suivent le long des chaînes polynucléotidiques. Ils peuvent donc être fractionnés en éléments plus petits, les nucléotides, qui peuvent être modifiés ou remplacés de diverses façons au sein même du gène. Par sa structure même, un gène est donc susceptible de subir de nombreuses « mutations » différentes, chaque mutation correspondant à un changement de nucléotide(s) par rapport à la séquence initiale. Les différentes séquences possibles de chaque gène sont appelées « allèles ».

En revanche, au plan fonctionnel, les gènes ne peuvent être fractionnés : à chaque gène correspond un produit (une molécule) qui doit être synthétisé dans la cellule en utilisant la séquence du gène comme information. Les gènes sont donc les unités élémentaires de fonction des génomes.

Comprendre la relation entre les gènes et leurs produits fut l'une des questions centrales de la biologie moléculaire à ses débuts. Question qui réservait bien des surprises, comme le montrera le chapitre suivant.

D'autres nous attendent probablement encore.

Les expériences initiales réalisées avec la drosophile et les champignons au début du XXe siècle nous avaient appris que les gènes déterminent la synthèse des protéines (en réalité, on sait maintenant que cela s'applique seulement à certains d'entre eux, comme nous le verrons plus loin). Plus précisément, nous avions appris qu'un gène détermine la synthèse d'une chaîne polypeptidique, constitutive d'une protéine. La nature chimique des chaînes polypeptidiques est totalement différente de celle des chaînes polynucléotidiques que nous avons vues précédemment : elles sont constituées d'une succession d'acides aminés liés entre eux par des liaisons chimiques fortes (covalentes), dites « liaisons peptidiques ». La nature chimique des acides aminés eux-mêmes est totalement différente de celle des nucléotides : ils sont constitués d'un atome de carbone central portant un groupement amine

(–NH_2, de nature basique), un groupement carboxyle (–COOH, de nature acide) et une chaîne latérale de nature variable selon les acides aminés et conférant à chacun des propriétés chimiques distinctes. Il existe vingt acides aminés différents dans les protéines. Les liaisons peptidiques se font entre le groupement amine d'un acide aminé et le groupement carboxyle de celui qui le précède dans la même chaîne. Tous les acides aminés sont donc orientés de la même façon, ce qui confère une polarité chimique à la chaîne (l'une de ses extrémités, dite « aminoterminale » ou N, porte un groupement amine, l'autre, dite « carboxyterminale » ou C, porte un groupement carboxyle). Les chaînes polypeptidiques constituent les protéines fonctionnelles de la cellule. Selon les cas, ces protéines sont faites d'une seule chaîne (monomères) ou de plusieurs chaînes identiques (homopolymères), ou encore de plusieurs chaînes non identiques (hétéropolymères). Par exemple, l'hémoglobine de nos globules rouges est un hétéropolymère, constitué de quatre chaînes polypeptidiques, deux étant produites par un gène tandis que les deux autres, différentes, sont produites par un autre gène. La myoglobine des muscles, elle, ne contient qu'une seule chaîne.

Comment la relation entre le gène et la chaîne polypeptidique peut-elle se faire, sachant qu'il n'y a que quatre nucléotides différents dans le premier pour vingt acides aminés dans la seconde ? Quelle est la combinaison utilisée ?

Pour pouvoir répondre à cette question, il nous manque un élément fondamental du dispositif. Dès 1953, on avait imaginé, sur des bases théoriques, que l'information génétique de l'ADN nécessaire à la synthèse des protéines transitait d'abord par un intermédiaire, qui ne pouvait être qu'un ARN. C'est ce que l'on a appelé le « dogme central de la biologie moléculaire ». La réalité de cette hypothèse fut démontrée expérimentalement quelques années plus tard.

Chaque molécule d'ARN est constituée d'une chaîne polynucléotidique. La différence fondamentale avec l'ADN réside dans le fait que les nucléotides qui forment les chaînes d'ARN sont construits avec le ribose (et non plus le désoxyribose) comme sucre, ce qui rend la molécule moins stable et donc chimiquement beaucoup plus réactive. Une deuxième différence est le remplacement de la thymine (l'une des deux pyrimidines de l'ADN) par l'uracile (symbole U). Cette dernière différence, importante pour la stabilité des génomes (pour des raisons que nous ne pouvons pas détailler ici), reste mineure au niveau chimique (une thymine est simplement une uracile portant un groupement méthyle –CH3 sur son carbone 5). Au niveau biologique, la différence majeure avec l'ADN tient au fait que les molécules d'ARN ne se répliquent pas. Formées d'une seule chaîne, elles sont synthétisées en utilisant l'un des brins de l'ADN comme matrice et en appliquant la règle d'appariement des bases (la paire A/U remplaçant la paire A/T). Il s'agit du processus de transcription. La transcription de l'ADN en ARN implique une machinerie enzymatique complexe, faite de plusieurs protéines. Point fondamental, cette transcription part d'une origine précise au sein de la molécule d'ADN et se termine en un autre point précis de cette même molécule. Le long de la molécule d'ADN constituante du chromosome, se succèdent donc des unités de transcription bien définies par leurs points d'origine et de terminaison, et séparées les unes des autres. Pour simplifier, on assimilera ici ces unités de transcription à des gènes. De toutes les définitions du gène, c'est celle qui nous facilitera le plus la compréhension de la suite.

Entre le début et la fin de chaque gène, l'ARN synthétisé est complémentaire au brin d'ADN qui lui sert de matrice. Donc identique à l'autre brin d'ADN (à la différence près que des U remplacent les T). Pour chaque gène, un seul des deux brins d'ADN est transcrit. En pratique, on représente la séquence du gène comme celle du brin d'ADN identique à l'ARN, alors que c'est l'autre brin qui sert de matrice. Cette représentation nous sert pour définir l'amont (le début de la transcription) et l'aval (la fin) du gène le long de la molécule d'ADN. Les gènes sont donc orientés le long de la molécule d'ADN et, en conséquence, sur la carte du chromosome. En fonction de l'orientation de chaque gène, c'est un brin d'ADN ou l'autre qui est transcrit. Deux gènes immédiatement voisins le long d'un chromosome peuvent avoir la même orientation ou des orientations inverses l'une de l'autre.

La transcription des gènes est régulée : certains gènes sont fortement transcrits, d'autres faiblement. Les quantités de molécules d'ARN correspondant aux différents gènes sont donc très inégales. Certains gènes ne sont transcrits que dans des conditions particulières, par exemple au moment du développement embryonnaire, ou en réponse à des inducteurs internes à l'organisme (des hormones par exemple) ou externes (des nutriments par exemple). L'activité transcriptionnelle de chaque gène est régulée par de courtes séquences d'ADN presque toujours situées en amont immédiat du gène et que nous appellerons ici « promoteurs », en simplifiant. Les promoteurs sont reconnus par des facteurs spécialisés qui déclenchent la transcription du gène. Le jeu des nombreux facteurs spécialisés conduit à une régulation fine de l'activité de chaque gène sans laquelle la vie de la cellule et celle de l'organisme ne seraient pas possibles.

Chez tous les organismes existent deux grandes catégories d'ARN et, par conséquent, deux grandes catégories de gènes. Les premiers, appelés « ARN messagers », sont ceux qui servent d'intermédiaire informationnel pour la synthèse des protéines. On dit qu'ils sont « traduits » en protéines ou, dans notre jargon, qu'ils sont « codants ». Les seconds (tous les autres) ne servent pas d'intermédiaire informationnel pour la synthèse des protéines. On les appelle « ARN non codants ».

Il y a de nombreux types différents d'ARN non codants assurant des fonctions très variées dans la cellule (voir plus loin). Les gènes de chaque catégorie sont transcrits en ARN de façon similaire (à quelques détails près). Mais, alors que les ARN non codants constituent le produit final du gène assurant une fonction dans la cellule, les ARN messagers n'assurent pas eux-mêmes de fonction : leur seul rôle est d'être traduits en protéines qui, elles, sont les produits finaux de ces gènes et ont une fonction. Contrairement aux ARN non codants, les ARN messagers ont souvent une durée de vie courte dans la cellule. Dans les génomes, il y a davantage de gènes dont les produits finaux sont des protéines que de gènes dont les produits sont des ARN non codants ; mais les remarquables découvertes actuelles sur ces derniers nous réservent peut-être des surprises.

Comme nous l'avons dit plus haut, la traduction des ARN messagers en protéines pose un problème théorique : comment vingt acides aminés sont-ils déterminés à partir de quatre nucléotides ? Ce problème fut résolu dès le début des années 1960 par des expériences génétiques d'une rare élégance intellectuelle, réalisées avec le colibacille, *Escherichia coli*, et ses bactériophages (sortes de virus des bactéries). La conclusion fut la suivante : les nucléotides sont utilisés trois par trois – on parle de « triplets ». Cela répond d'abord à une logique mathématique : le nombre de combinaisons de quatre nucléotides pris deux à deux est de seize, ce qui serait insuffisant ; alors que, pris trois à trois, on obtient soixante-quatre combinaisons possibles, ce qui dépasse vingt et offre donc suffisamment d'information. Les résultats expérimentaux confirment cette déduction. Si l'on enlève un nucléotide dans la séquence d'un gène, la traduction en protéines de l'ARN messager correspondant devient impossible (dans les expériences initiales des années 1960, le bactériophage devenait inactif). Si, en partant de ce gène muté, on enlève un deuxième nucléotide, c'est la même chose. Mais si l'on en enlève un troisième, la traduction de la protéine redevient possible (le bactériophage redevenait actif). Il y a donc un cadre de traduction de trois nucléotides en trois nucléotides le long de la séquence des ARN messagers.

La relation entre les soixante-quatre triplets possibles et les acides aminés fut établie par des expériences de biochimie au cours des années 1965-1966. Il s'agit du code génétique. On appelle « codon » chacun des triplets de nucléotides ; soixante et un codons correspondent chacun à un acide aminé, les trois autres (appelés « codons de terminaison », ou « non-sens », ou encore « codons stop ») ne correspondant, eux, à aucun acide aminé, mais servant à indiquer la fin du cadre de traduction de l'ARN messager en chaîne polypeptidique. Le code génétique est le même pour toutes les espèces vivantes, à quelques rares exceptions près dans certains détails. Il est donc pratiquement universel. Il s'ensuit qu'un gène appartenant à un organisme donné peut très bien être fonctionnel dans un organisme d'une autre espèce vivante. C'est pour cette raison que l'on peut construire des organismes génétiquement modifiés qui portent des gènes étrangers (et maintenant aussi des gènes artificiels). Dans la nature, l'universalité du code génétique permet aussi à une espèce d'acquérir des gènes étrangers à cette espèce : c'est le phénomène de transfert horizontal, qui peut jouer un rôle significatif dans l'évolution de certains groupes d'organismes comme les bactéries. L'universalité du code génétique nous indique que, dans l'évolution, il est antérieur au dernier ancêtre commun de tous les organismes vivants actuels, homme, bactéries, plantes, algues, champignons et animaux confondus. Sa mise en place évolutive dans les tout premiers systèmes vivants reste assez mystérieuse.

La traduction des ARN messagers en protéines implique une machinerie très élaborée qui comprend les ribosomes (énormes complexes macromoléculaires eux-mêmes constitués d'ARN non codants et de protéines) et de nombreux autres facteurs. Les acides aminés qui servent à la synthèse des nouvelles chaînes polypeptidiques ne sont pas libres dans la cellule. Chacun d'eux est lié par une liaison chimique forte à l'extrémité d'un petit ARN non codant, appelé « ARN de transfert ». Cette liaison chimique « active » les acides aminés, leur permettant de former les futures liaisons peptidiques. Chaque ARN de transfert a la capacité de reconnaître les codons de l'ARN messager fixé aux ribosomes. Cette reconnaissance implique un appariement des bases entre les trois nucléotides du codon et trois nucléotides de l'ARN de transfert (formant l'anticodon). Comme la liaison chimique entre les différents acides aminés et les différents ARN de transfert est très spécifique, à chaque codon de l'ARN messager correspond un acide aminé particulier de la chaîne polypeptidique. La synthèse des chaînes polypeptidiques s'effectue par additions successives d'acides aminés les uns derrière les autres, chacun correspondant à un codon de l'ARN messager. C'est l'ensemble de ces processus biochimiques très complexes de transcription des gènes en ARN messagers puis de traduction des ARN messagers en chaînes polypeptidiques qui permet finalement à un gène de déterminer la synthèse d'une protéine.

L'analyse du code génétique est très instructive pour comprendre l'évolution des gènes. À chaque codon correspond un acide aminé et un seul. Le code n'est pas ambigu. À une séquence d'ARN messager (donc à une séquence de gène) correspond donc une seule séquence de chaîne polypeptidique. Le déterminisme génétique est complet. Par contre, le code génétique est dit « dégénéré », c'est-à-dire que deux ou plusieurs codons distincts peuvent correspondre au même acide aminé (dans la plupart des cas, ces codons synonymes diffèrent entre eux uniquement par leur troisième nucléotide). Une même chaîne polypeptidique peut donc être le produit de la traduction de plusieurs séquences différentes d'ARN messagers, donc de plusieurs gènes différents. La dégénérescence du code génétique est très importante pour l'évolution (voir le chapitre 4), car certains changements de séquence d'un gène (comme la substitution d'un nucléotide par un autre) peuvent se faire sans conduire à un changement de séquence de la protéine correspondante. On parle alors de mutations « silencieuses ». Mais d'autres changements de séquence dans le même gène (y compris d'autres substitutions de nucléotides) peuvent affecter la séquence de la protéine correspondante.

La traduction des ARN messagers par succession de triplets de nucléotides a pour conséquence logique qu'il existe théoriquement trois façons différentes de traduire une même séquence d'ARN messager, et donc une même séquence de gène, selon le cadre de lecture utilisé. En règle générale, pour chaque gène, un seul de ces trois cadres est correct. Les deux autres, utilisant comme triplets successifs des nucléotides appartenant à deux codons voisins, ne peuvent pas être traduits correctement en une protéine. Au sein de chaque molécule d'ARN messager existe donc ce que l'on appelle un « cadre ouvert de lecture », caractérisé par la succession des codons qui servent à la traduction de la chaîne polypeptidique normale. Ce cadre ouvert de lecture commence au niveau d'un codon particulier qui sert à l'initiation de la traduction et se termine par un (ou parfois plusieurs) codon(s) de terminaison. L'existence de ces cadres ouverts de lecture fait que toute délétion ou insertion d'un ou deux nucléotides en leur sein aboutit à un décalage du cadre de lecture et donc, dans la quasi-totalité des cas, à une protéine tronquée par la présence de codons de terminaison dans les autres cadres. Dans tous les ARN messagers, les cadres ouverts de lecture sont précédés et suivis de segments non traduits appelés UTR (pour « *untranslated regions* »). On retrouve évidemment les séquences correspondantes au niveau des gènes, l'unité de transcription étant plus grande que le cadre ouvert de lecture (voir la figure 5, p. 72-73).

2

L'importance des ARN

Les ARN, molécules chimiquement peu stables, sont restés longtemps difficiles à étudier, ce qui explique la façon dont la génétique moléculaire a progressé : alors que, à la fin des années 1960, on croyait avoir compris l'essentiel de la structure des gènes et de leur mode d'expression (voir le chapitre précédent), l'arrivée de technologies nouvelles apporta bien des surprises qui bouleversèrent notre connaissance des génomes et notre compréhension de leur évolution.

La transcription réverse

La première surprise date de 1970. C'est en étudiant des virus responsables de la formation de tumeurs cancéreuses chez les oiseaux que fut découverte une activité enzymatique nouvelle permettant de synthétiser de l'ADN à partir de molécules d'ARN prises comme matrices. On appelle ces enzymes des « transcriptases réverses ». Cette découverte bouleversait nos idées, car elle démontrait que l'information héréditaire pouvait, au moins dans certains cas particuliers, passer par l'intermédiaire d'un ARN au lieu de se propager uniquement par réplication de l'ADN. On sait maintenant que ces virus appartiennent à une vaste classe, celle des rétrovirus, dont quelques représentants infectent l'homme. Leur génome est constitué d'une molécule d'ARN (et non d'ADN comme chez d'autres virus). Après pénétration du virus dans la cellule, le génome viral est d'abord recopié sous forme d'ADN par l'action des transcriptases réverses ; puis cet ADN est inséré au sein des chromosomes de la cellule hôte où il sera normalement transcrit en ARN, bouclant ainsi le cycle de reproduction du virus. Avec parfois pour conséquence le déclenchement de la formation de tumeurs à cause de l'insertion du virus dans le génome de l'hôte. Mais quel est le rapport avec l'évolution des gènes ?

On notera tout d'abord que la cellule infectée se retrouve avec une (ou plusieurs) copie(s) du génome viral intégrée(s) dans son propre génome. Si, comme c'est souvent le cas, elle survit à l'infection, ses filles seront donc capables de produire des virus alors qu'elles n'auront jamais été elles-mêmes infectées par ce virus : leur génome portera la mémoire d'événements qui se seront passés au cours des générations précédentes. C'est un phénomène général. Évidemment, on parle ici de cellules somatiques. Mais des événements similaires se produisent parfois dans la lignée des cellules germinales, qui se transmettent donc aux générations suivantes.

On notera ensuite que les transcriptases réverses ne sont pas limitées aux virus : on a découvert un peu plus tard qu'il en existe aussi dans les cellules normales, où elles jouent des rôles spécifiques, mais néanmoins importants, comme le maintien des télomères, c'est-à-dire des extrémités des chromosomes, ou la mobilité de certains transposons (voir le chapitre 3) qui, eux, jouent un rôle important dans l'évolution des génomes. Plus généralement, si des ARN cellulaires, transcrits normaux des gènes, peuvent accidentellement donner naissance à des copies d'ADN complémentaire suite à l'action de transcriptases réverses, alors s'ouvre la possibilité de créer des gènes nouveaux. C'est probablement ce qui s'est passé dans les tout premiers organismes vivants et nous verrons plus loin le rôle que ce phénomène peut jouer dans l'évolution des génomes des organismes moderne.

Les introns

La deuxième surprise date de 1977. Elle fut de taille. On commençait à pouvoir étudier les gènes grâce aux nouvelles techniques du génie génétique permettant de construire des molécules d'ADN recombinant *in vitro*. C'est à nouveau en étudiant les gènes d'un virus (cette fois-ci un adénovirus, dont le génome est formé d'ADN), mais aussi en examinant le gène de l'hémoglobine du lapin, que l'étonnante réalité apparut : ces gènes étaient en morceaux ! C'est-à-dire que, lorsque l'on mettait le gène (l'ADN) et son produit (l'ARN messager) en vis-à-vis, on observait une succession de segments du gène correspondant parfaitement à l'ARN messager, comme attendu, mais entrecoupés d'autres segments du gène sans segments correspondants dans l'ARN messager. Cette situation n'était pas prévue. Tout à coup, on ne comprenait plus comment les gènes pouvaient fonctionner. Ni pourquoi une telle bizarrerie existait. Et pourtant, la plupart des gènes que l'on examinait à l'époque (la liste s'allongeait rapidement) ne faisait que confirmer le diagnostic : les gènes, ou du moins la majorité d'entre eux, apparaissaient bien comme formés d'une alternance de segments que l'on retrouvait dans les ARN messagers et d'autres, souvent plus grands, qui en étaient absents. On sait maintenant que le morcellement peut parfois être extrême. Par exemple, le gène du collagène de type VII humain est fractionné en cent dix-huit morceaux. Dans la majorité des cas, cependant, il est plus limité, mais non négligeable : la moyenne pour l'ensemble des gènes humains est de 10,4 morceaux par gène. Fait remarquable, quel que soit le nombre de morceaux, l'ordre dans lequel ils se présentent le long de la molécule d'ADN est toujours le même que celui dans lequel on les trouve assemblés dans les molécules d'ARN messager.

Progrès techniques aidant, on comprit assez rapidement que les gènes morcelés sont en fait, dans un premier temps, complètement transcrits de façon continue sur toute leur longueur. Mais les molécules d'ARN ainsi produites ont des durées de vie très courtes, ce qui explique pourquoi on ne les avait pas trouvées plus tôt. Sitôt leur synthèse achevée, elles subissent des événements d'épissage dans les noyaux des cellules : des segments internes sont éliminés et ceux qui les flanquent sont raboutés, donnant naissance aux molécules d'ARN mature. Ces dernières sont ensuite transportées vers le cytoplasme où elles seront traduites en protéines sur les ribosomes. Selon la nomenclature proposée par Walter Gilbert en 1977, on appelle « introns » les segments d'ARN interne ainsi éliminés des transcrits primaires lors du processus d'épissage et « exons » les segments qui les flanquent et restent présents dans les ARN matures.

En reportant ces segments d'ARN au niveau des gènes qui leur donnent naissance, on dit couramment que les gènes sont eux-mêmes constitués d'une alternance d'exons et d'introns (voir la figure 5). Pour la bonne compréhension du lecteur, il faut cependant insister sur le fait qu'introns et exons correspondent exclusivement, au niveau fonctionnel, à des segments d'ARN. Les gènes, eux, ne subissent pas d'épissage. C'est là que l'on voit toute l'importance de la différence chimique entre le désoxyribose de l'ADN et le ribose de l'ARN : les mécanismes moléculaires de l'épissage utilisent le groupement hydroxyle du carbone 2' du ribose de l'ARN (qui correspond à un simple hydrogène dans le désoxyribose de l'ADN). De plus, la machinerie de transcription des gènes ne reconnaît pas les limites entre exons et introns, et ne sait donc pas distinguer les uns des autres. C'est seulement pendant les réactions d'épissage des ARN que ces limites sont identifiées.

Il existe des introns dans toutes les catégories de gènes, que les produits finaux de ces gènes soient des ARN non codants (par exemple, les ARN de transfert) ou des protéines. Contrairement à une confusion courante, la notion d'exon et d'intron est complètement indépendante de l'existence ou de l'absence de séquences codantes pour des protéines. Dans les gènes dont les produits finaux sont des protéines existent des exons codants, d'autres non codants, d'autres encore mixtes (voir la figure 5). On connaît des introns dans tous les organismes eucaryotes (c'est-à-dire dont les cellules possèdent un noyau contenant le matériel génétique – ce qui est le cas des animaux, plantes, champignons, algues ou protozoaires). Il en existe aussi dans les gènes des mitochondries et des chloroplastes (organelles intracellulaires spécialisées dans la respiration et la photo-

Figure 5 *(pages suivantes)*: Schéma général d'un gène d'un organisme eucaryote et de ses produits. Le gène dessiné contient six exons («boîtes» numérotées de 1 à 6) et cinq introns. L'ARN transcrit de ce gène subit les réactions d'épissage éliminant les introns et raboutant les exons pour devenir un ARN messager. Ici, un épissage alternatif offre la possibilité de former deux molécules différentes d'ARN messager. Après maturation des molécules des ARN messagers (addition d'une queue poly-A), les cadres de lecture ouverts de chacune de ces molécules sont traduits en chaînes polypeptidiques. Les processus de transcription, d'épissage et de traduction définissent des zones distinctes du gène dont les désignations sont indiquées.

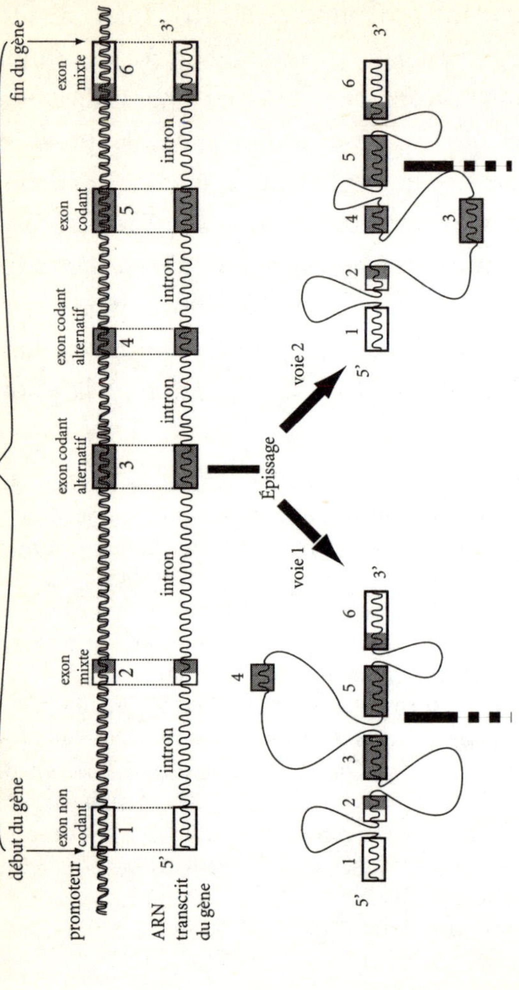
gène
début du gène
fin du gène
promoteur
exon non codant
exon mixte
exon codant alternatif
exon codant alternatif
exon codant
exon mixte
1
2
3
4
5
6
ARN transcrit du gène
5'
3'
intron
intron
intron
intron
intron
Épissage
voie 1
voie 2
5'
3'
5'
3'

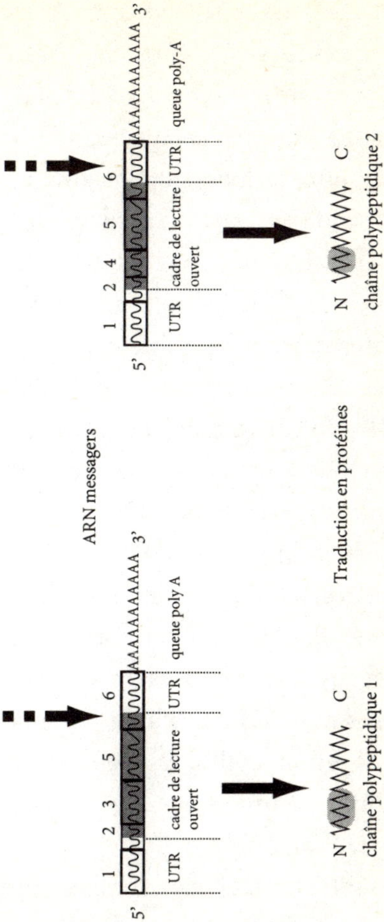
ARN messagers
5'
1
2
3
5
6
UTR
cadre de lecture ouvert
UTR
AAAAAAAAAA 3'
queue poly A
Traduction en protéines
N
C
chaîne polypeptidique 1
5'
1
2
4
5
6
UTR
cadre de lecture ouvert
UTR
AAAAAAAAAA 3'
queue poly-A
N
C
chaîne polypeptidique 2

synthèse et contenant leur propre ADN) et également quelques-uns chez les bactéries (qui sont des procaryotes). Au total, on distingue cinq grandes catégories d'introns, dont l'étude nous éclaire sur l'origine évolutive du monde vivant. Grâce à de très nombreux travaux, on connaît bien les mécanismes moléculaires d'épissage des ARN pour les différentes catégories d'introns, mais leur examen détaillé nous entraînerait beaucoup trop loin. Il suffit de retenir que, dans tous les cas, des réactions biochimiques permettent, en deux étapes, de découper très précisément le segment de la molécule d'ARN qui correspond à l'intron et de recoller les deux segments qui le flanquent (qui correspondent donc aux exons) en rétablissant la structure chimique normale d'une chaîne polynucléotidique. Une fois recollés, les deux exons ne gardent donc aucune trace de la présence antérieure de l'intron.

Tous les introns des gènes dont les produits finaux sont des protéines appartiennent à une même catégorie. Ce sont aussi les plus nombreux. On les appelle introns « spliceosomiques », car l'épissage des molécules d'ARN qui les portent est assuré par les spliceosomes. Ces derniers sont d'énormes complexes macromoléculaires constitués de protéines et de cinq petits ARN non codants spécifiques. Fait important pour l'évolution, seules trois courtes séquences des introns sont nécessaires pour que les réactions d'épissage soient assurées par les spliceosomes : les jonctions entre l'intron et les deux exons qui le flanquent, et une petite séquence interne à l'intron. En dehors de ces segments, la plus grande partie des séquences des introns spliceosomiques n'a pas de fonction dans l'épissage et peut donc diverger librement par mutations au cours de l'évolution sans altérer les fonctions des gènes (en première approximation). Des délétions se produisent dans les introns ou, au contraire, des séquences étrangères peuvent s'y insérer en passant le plus souvent inaperçues. On comprend donc les possibilités qu'offrent les introns pour l'évolution des génomes, surtout si l'on se rappelle que, dans la plupart des organismes complexes, ils occupent une bien plus grande part du génome que les exons (qui ne représentent que 1,9 % du génome humain).

Lorsqu'un gène compte plusieurs introns, l'épissage des molécules d'ARN transcrites peut parfois s'effectuer de plusieurs façons différentes, en alternance : on parle alors d'« épissage alternatif ». Un même gène (dans des cellules différentes, mais aussi parfois dans la même cellule) peut alors donner naissance à plusieurs ARN messagers différents et, par conséquent, à des protéines différentes, selon la combinaison d'introns et d'exons impliqués dans les réactions d'épissage (voir la figure 5). Ainsi, par exemple, l'épissage peut se faire entre deux introns successifs, en éliminant l'exon intermédiaire ou, au contraire, se faire dans un site interne d'un intron, en laissant une partie de celui-ci dans l'ARN mature. Il y a d'autres possibilités. Il ne s'agit pas d'accidents d'épissage qui donneraient naissance à des produits non fonctionnels, mais au contraire de situations bien régulées. Le phénomène d'épissage alternatif s'observe en général entre cellules de tissus différents. Par exemple, l'épissage des transcrits du gène de la tropomyosine (une protéine du muscle) chez l'homme n'est pas le même dans les muscles striés et dans les muscles lisses. À partir du même gène, deux protéines distinctes sont donc finalement synthétisées. L'épissage alternatif offre ainsi de nombreuses possibilités d'accroître la complexité de l'organisme sans augmenter le nombre de ses gènes (voir le chapitre 3).

L'origine des introns a fait l'objet de nombreux débats. Leur universalité dans le monde vivant indique qu'ils sont très anciens (au moins certaines catégories d'entre eux). Il est vraisemblable qu'ils reflètent des mécanismes moléculaires fondamentaux qui existaient déjà dans les premiers organismes vivants, ancêtres de toutes les espèces actuelles. On considère qu'ils représentent une étape où l'ADN n'existait pas encore et où le matériel génétique était constitué d'ARN. Les mécanismes moléculaires d'alors sont ceux à partir desquels s'est mis en place le système génétique des organismes actuels, ce qui explique qu'on les retrouve de façon universelle. Dans les gènes modernes, les introns peuvent se perdre ou s'acquérir au cours de l'évolution. On peut aisément s'en rendre compte en comparant les gènes homologues entre différentes espèces. Pour ne citer qu'un exemple, les gènes (il y en a plusieurs) de l'actine (une protéine du squelette intracellulaire bien conservée dans tous les organismes) comptent cinq et sept introns chez l'homme, cinq et six chez le rat, six chez la poule, deux et quatre chez un oursin, un chez la mouche, deux chez le ver *Caenorhabditis elegans*, un chez la levure de boulangerie *Saccharomyces cerevisiae*, etc. Les positions de ces introns dans chaque gène sont également différentes.

Les rétrogènes et les pseudogènes maturés

Il s'agit du dernier avatar du rôle des ARN dans l'évolution des génomes. Imaginons un gène normal, transcrit en molécules d'ARN. S'il contient un ou plusieurs introns, ces molécules d'ARN seront épissées normalement pour donner naissance aux ARN matures, l'épissage leur faisant perdre leurs introns. S'il s'agit d'ARN messagers, ils seront aussi polyadénylés : la polyadénylation, que nous n'avons pas encore mentionnée, consiste en l'addition de plusieurs dizaines ou centaines de nucléotides à adénine à l'extrémité 3' d'un futur ARN messager – c'est une caractéristique de la plupart des ARN messagers chez les organismes eucaryotes. Cette addition est catalysée par une protéine spéciale, qui travaille sans matrice (on notera au passage la capacité de créer *de novo* une nouvelle séquence d'ARN absente des gènes). Au total, les ARN messagers diffèrent donc des gènes qui leur ont donné naissance non seulement par l'absence des introns, mais aussi par la présence d'une longue queue de nucléotides à adénine (« queue poly-A » dans le jargon).

Or, dans les génomes, on trouve des séquences qui ressemblent à ces ARN messagers. Elles sont similaires aux gènes normaux, mais sans leurs introns, et sont suivies d'une région formée de nombreux nucléotides de type poly-A. Comme les processus de polyadénylation et d'épissage n'existent qu'au niveau des ARN et jamais au niveau de l'ADN, ces séquences génomiques ne peuvent donc provenir que de copies d'ADN faites en retour à partir d'ARN messagers : ce sont des rétrogènes. L'existence des transcriptases réverses (dont nous avons vu qu'elles permettent de synthétiser de l'ADN à partir d'ARN) nous permet d'envisager le processus de formation des rétrogènes. Une copie d'ADN double brin synthétisée à partir d'ARN (comme le font les rétrovirus et certains transposons) pourra être intégrée dans le génome cellulaire. Selon le locus où cet ADN s'insérera, ce nouveau gène pourra être exprimé ou non. Si c'est le cas, il contribuera ainsi à l'évolution. Cependant, le plus souvent, les rétrogènes sont tronqués dans leur partie amont (ce qui est une preuve supplémentaire de leur origine ARN, car la transcription réverse part de la partie aval de la molécule d'ARN et remonte progressivement vers l'amont, avec la possibilité de s'interrompre avant la fin). On obtient ainsi la formation de pseudogènes, inactifs, dans lesquels des mutations secondaires peuvent rapidement s'accumuler. On parle de « pseudogènes maturés » pour les distinguer d'une autre catégorie de pseudogènes que l'on mentionnera plus loin. Le génome humain contient plus de dix mille pseudogènes maturés.

Si les pseudogènes maturés sont aisément reconnaissables dans les génomes, les rétrogènes fonctionnels, eux, sont moins faciles à identifier. Au cours des générations, la région poly-A peut s'effacer rapidement par mutations (elle n'est d'ailleurs pas très différente des séquences terminatrices normales de beaucoup de gènes, souvent riches en paires A/T). Quant à l'absence des introns, elle n'est décelable que par rapport aux copies de gènes qui en contiennent. Si le gène d'origine a disparu ou a été remplacé par le rétrogène (par recombinaison homologue), notre point de comparaison disparaît. Nous ne savons donc pas déterminer exactement l'importance quantitative des rétrogènes dans l'évolution des génomes. Il est probable qu'elle soit généralement sous-estimée. Chez la levure de boulangerie, certains font l'hypothèse que la plupart des gènes sont, en réalité, issus de rétrogènes. Ces derniers conduisent à l'élimination des introns.

Les autres phénomènes impliquant des ARN

Non seulement beaucoup d'autres phénomènes impliquant des ARN jouent un rôle dans l'expression du matériel génétique, mais ils peuvent aussi intervenir dans son évolution. Les ARN peuvent agir comme catalyseurs, par exemple dans l'épissage des introns ou la maturation d'autres ARN. Ils peuvent subir de nombreuses modifications chimiques spécifiques, comme dans le cas des ARN de transfert. Les séquences des chaînes d'ARN peuvent également être modifiées de manière spécifique après leur synthèse ; on parle alors de phénomènes d'« édition ». Les séquences des ARN édités ne sont donc plus exactement les mêmes que celles des gènes qui leur ont donné naissance. Il existe beaucoup de mécanismes moléculaires distincts conduisant à l'édition des séquences d'ARN, mais leur étude dépasse les besoins de ce livre. Dans certains cas, des petits ARN « guides », transcrits de gènes spécialisés, apportent l'information génétique nécessaire à l'édition des ARN transcrits d'autres gènes. Enfin, les ARN interviennent dans le contrôle de l'expression des gènes par interférence. Bien que ce phénomène joue probablement un rôle essentiel dans l'évolution en permettant de contrôler le nombre de gènes dupliqués, il est impossible de le décrire dans le cadre de cet ouvrage.

3

L'étonnante complexité des génomes

Quiconque aborde l'étude des génomes avec une logique d'économie, selon laquelle les moyens employés se doivent d'être adaptés aux besoins à satisfaire, doit s'attendre à être très étonné : notre génome est beaucoup trop grand ; parmi les trois milliards cent millions de nucléotides qui le constituent, seuls 1,9 % servent à déterminer la structure de nos protéines. Même si l'on tient compte des gènes pour les ARN non codants, encore difficiles à identifier dans l'état actuel de nos connaissances, il est clair que plus de 95 % de notre génome n'est pas directement impliqué dans la détermination de la structure des produits de nos gènes. Et cette situation n'est pas unique : si l'on excepte les bactéries et quelques organismes unicellulaires simples et à croissance rapide comme les levures, les génomes de la très grande majorité des espèces vivantes sont trop grands. Cette constatation, qui n'est pas neuve, est restée longtemps un paradoxe difficile à comprendre. Une partie de l'explication vint de la découverte des éléments décrits précédemment, en particulier des introns et des pseudogènes, qui peuvent occuper une proportion importante des génomes. Mais aujourd'hui, avec le séquençage de ces derniers (c'est-à-dire avec le décryptage des séquences d'ADN), nous sommes en mesure de connaître dans les moindres détails les causes de cette tendance au gigantisme. Elles sont nombreuses et nous éclairent sur les mécanismes de l'évolution.

Le séquençage des génomes, une science jeune

Il y a seulement dix ans, le génome d'aucun organisme vivant n'était séquencé. On parlait du déchiffrage du génome humain comme d'un projet immense, nécessitant une importante collaboration internationale durant de nombreuses années ; et l'on mettait en place les outils et les stratégies qui devaient permettre d'accomplir cette œuvre que l'on jugeait historique. Dans les laboratoires, on séquençait des génomes de virus, d'organelles (mitochondries et chloroplastes), de plasmides, ainsi que les premiers chromosomes de la levure de boulangerie. Outre leur intérêt scientifique intrinsèque, ces travaux permettaient de développer les méthodes d'analyse des séquences qui serviraient ensuite pour le génome humain.

Aujourd'hui, il existe plusieurs centaines de séquences génomiques complètes dans les bases de données et le séquençage de plus d'un millier d'espèces vivantes différentes est en cours. Sans compter le séquençage des variétés de diverses espèces afin d'étudier, par comparaison, les bases génétiques de la diversité des populations.

Les progrès les plus décisifs dans le séquençage des génomes ne vinrent pas toujours de là où on les attendait, comme c'est souvent le cas dans la recherche. Le premier organisme séquencé fut une bactérie relativement peu étudiée, *Hemophilus influenzae*, et non, comme tout le monde le pensait, le colibacille, *Escherichia coli*, héros de la biologie moléculaire grâce auquel on a fait tant de découvertes fondamentales. Les premières séquences complètes de génomes obtenues furent tout d'abord celles de deux autres bactéries, d'une *archaea* (microbe procaryote formant un groupe distinct des bactéries), puis de la levure de boulangerie, dont la séquence fut achevée dès 1996. Vinrent ensuite, de 1998 à 2001, un nématode, *Caenorhabditis elegans*, petit ver microscopique ; puis l'arabette, *Arabidopsis thaliana*, petite plante de la famille des crucifères ; une autre levure, *Schizosaccharomyces pombe* ; la drosophile, *Drosophila melanogaster*. Il s'agissait chaque fois d'un grand pas en avant. Les génomes de nombreuses bactéries furent déchiffrés en parallèle.

Au début de l'année 2001, fut publié le premier assemblage complet du génome humain. Ce fut un événement politico-médiatique. Chaque pays ayant contribué au consortium international mis en place au début des années 1990 (qui regroupait vingt institutions différentes) pouvait s'en enorgueillir. La France y participait – elle était responsable du chromosome 14. En réalité, deux assemblages du génome humain furent publiés simultanément, car, en 1998, une société commerciale américaine, filiale du principal fabricant de réactifs et de machines à séquencer, annonça qu'elle entrait en compétition contre le consortium international. Or ce dernier était formé de centres spécialisés qui, eux, devaient lui acheter ces machines et ces réactifs avec de l'argent public ou provenant de fonds caritatifs. Face à cette menace d'appropriation du génome humain, une augmentation des budgets publics permit au consortium international d'accélérer ses travaux (et donc au fabricant de réactifs d'augmenter ses bénéfices !), ce qui aboutit à l'annonce très médiatisée du premier assemblage complet en juin 2000, à la Maison-Blanche. Un autre élément biaisa cette étrange compétition : pendant toute la durée du travail, les données du consortium public international étaient rendues librement disponibles à tous, y compris évidemment à la société commerciale, tandis que les données de celle-ci restaient confidentielles (car elles étaient vendues) et ne pouvaient donc pas être utilisées par le consortium public. C'est dans ces conditions que fut traité le plus précieux patrimoine de l'humanité, dans les tout derniers instants du XXe siècle !

En réalité, en 2001, le séquençage du génome humain n'était pas réellement terminé. On disposait alors de deux ébauches couvrant environ 90 % des chromosomes, ce qui laissait de nombreuses zones d'incertitude et de trous (cent cinquante mille au total).

Cette séquence a été considérablement améliorée depuis par les membres du consortium international, avec le séquençage complet de plusieurs chromosomes. En 2004, le consortium international publia une nouvelle version du génome humain, beaucoup plus complète et de bien meilleure qualité: elle couvre maintenant 99% de l'euchromatine (partie active du génome) et il ne reste plus qu'un nombre restreint de trous (trois cent quarante et un). Seule l'hétérochromatine (séquences répétées et parties condensées et inactives de la chromatine), qui couvre environ 6% du génome total, pose encore de gros problèmes de finition.

Beaucoup d'autres génomes eucaryotes sont actuellement séquencés, soit complètement, soit sous forme d'ébauches plus ou moins avancées. On peut citer ceux du riz, de la souris, du rat, de deux poissons, du poulet, d'un moustique, de plusieurs protozoaires parasites, de champignons filamenteux (moisissures) et de plusieurs autres levures; ceux d'espèces moins connues du public comme les protocordés *Ciona intestinalis, Oikopleura* ou *Amphioxus* – des cousins de l'ancêtre commun de tous les vertébrés –, la paramécie et *Tetrahymena* – des protozoaires des eaux douces – et différents invertébrés marins sont sur la liste ; ainsi que ceux du chien (plusieurs races), du porc et du chimpanzé. On séquence aussi les génomes de différentes plantes d'intérêt agronomique, comme la luzerne et bientôt la vigne, et de certains arbres. L'intérêt biotechnologique, environnemental ou médical constitue évidemment un guide important dans le choix des espèces étudiées. Les données acquises nous offrent la possibilité d'examiner les mécanismes d'évolution des gènes et des génomes avec un degré de précision inaccessible auparavant. Grâce aux progrès techniques, on séquence même directement des communautés naturelles de micro-organismes vivant dans les océans, les eaux douces ou les sols, sans les avoir identifiés au préalable. On parle alors de

« métagénomique ». Actuellement, on découvre davantage de nouvelles espèces vivantes par leurs gènes que par les méthodes traditionnelles ; on s'aperçoit ainsi de l'ampleur des découvertes qui nous restent à faire.

La taille des génomes

Comme nous l'avons déjà mentionné, la taille importante des génomes des animaux et des plantes est étonnante. Mais les différences de taille entre génomes d'espèces similaires sont encore plus étonnantes. Ainsi, par exemple, le génome de la drosophile compte cent soixante mégabases (une mégabase représente un million de nucléotides), tandis que celui d'un moustique comme *Anopheles gambiae*, le vecteur du paludisme, en compte près du double (deux cent soixante-dix-huit mégabases). Et pourtant, ces deux insectes diptères se sont pas très différents l'un de l'autre. Le génome de la sauterelle *Locusta migratoria* compte, quant à lui, cinq mille mégabases, soit plus de trente fois celui de la drosophile et 1,7 fois celui de l'homme. Ces constatations ne sont pas nouvelles : on savait depuis les années 1950 que les cellules de la salamandre, un amphibien, contenaient soixante-dix fois plus d'ADN que celles du poulet. Chez les plantes, les variations sont encore plus importantes : la petite crucifère *Arabidopsis thaliana*, modèle favori des généticiens, a un génome de seulement cent quinze mégabases tandis que des liliacées, comme la somptueuse fritillaire des jardins, *Fritillaria assyriaca*, ont un génome mille fois plus grand, atteignant cent vingt mille mégabases, soit plus de quarante fois celui de l'homme. C'est parfois l'agriculture qui a créé ces anomalies. Ainsi, parmi les graminées, le génome du riz compte quatre cent soixante mégabases, celui du maïs environ dix fois plus et celui du blé encore trois fois plus. Dans le cas du maïs, un nombre considérable d'éléments transposables (voir ci-dessous) explique ce gigantisme. Dans le cas du blé, c'est la polyploïdie (le fait d'avoir plusieurs jeux de chaque chromosome) qui a été sélectionnée (le blé est une plante artificielle contenant deux ou trois lots chromosomiques distincts selon la variété). Par rapport à ces monstres, les génomes des micro-organismes sont compacts ; cela s'explique par leur besoin de croissance rapide, qui nécessite que la quantité d'ADN à répliquer à chaque génération cellulaire ne soit pas trop importante. Les levures ont le plus souvent des génomes de seulement dix à treize mégabases, d'autres champignons et de nombreux protozoaires ont des génomes d'environ trente mégabases ; quant aux bactéries, la plupart ont des génomes de seulement quelques mégabases.

Combien de gènes dans les génomes ?

Plus que la taille des génomes, c'est le nombre de gènes qu'ils contiennent qui nous intéresse ; or celui-ci varie beaucoup moins entre les espèces. En gros, la plupart des bactéries ont quelques milliers de gènes, les levures en possèdent cinq à six mille, les champignons filamenteux près de dix mille, les vers, les insectes et les plantes environ vingt à vingt-cinq mille. Tout semble donc aller dans le sens de la logique : plus les organismes sont complexes, plus ils ont de gènes dans leur génome. Une surprise nous attendait cependant avec la première ébauche du génome humain en 2001 : il comptait à peu près trente et un mille gènes, c'est-à-dire à peu près autant que le génome de la mouche ou celui du riz, qui sont pourtant beaucoup plus petits. Notre orgueil en a pris un coup ! Ce nombre fut obtenu par comparaison entre le génome humain et celui d'un poisson, le tétrodon (*Tetraodon negroviridis*), dont le séquençage était en cours en France. Il choqua certains, qui s'attendaient à ce que l'on trouve au moins cent cinquante mille gènes, sur la base d'estimations antérieures – cette attente n'était d'ailleurs pas nécessairement sans rapport avec la volonté de commercialisation des gènes affichée par certaines sociétés privées. Un débat s'ouvrit, certains allant jusqu'à mettre en doute les conclusions de la génétique, le nombre de gènes n'étant pas suffisant à leur goût. Un pari fut même lancé sur Internet: celui qui s'approcherait le plus du nombre exact empocherait la mise de tous les autres. Or les données plus récentes proposent un nombre de gènes humains encore plus faible, compris entre vingt et vingt-cinq mille, et donc très proche de celui des invertébrés et des plantes. Des nombres de gènes similaires sont obtenus pour les rongeurs, le poulet et les poissons. Il faut préciser qu'il s'agit ici du nombre de gènes dont les produits finaux sont des protéines: les gènes des ARN non codants ne sont pas comptabilisés.

Mais comment détermine-t-on le nombre de gènes à partir de la séquence complète d'un génome? Le lecteur sera peut-être étonné d'apprendre que cela n'est pas facile, principalement pour deux raisons. Tout d'abord, chez les organismes complexes, les gènes sont très souvent morcelés (voir plus haut), avec des exons généralement plus petits que les introns, et d'autant plus difficiles à identifier qu'ils sont petits. Quant aux séquences des introns, elles varient beaucoup au cours de l'évolution, ce qui les rend très difficiles à identifier. La situation est plus simple chez les organismes unicellulaires, comme les levures, qui comptent peu d'introns ; leurs gènes peuvent, de ce fait, servir de référence pour l'interprétation de génomes plus complexes, par comparaison. Seconde raison, tous les génomes contiennent une proportion significative de gènes dont les séquences ne ressemblent à rien de connu dans les autres génomes – on les appelle « gènes orphelins ». Ils n'en sont pas moins actifs, mais ils ne peuvent évidemment pas être identifiés par comparaison si l'on ne dispose pas de séquences d'espèces très proches. Les gènes orphelins sont d'ailleurs l'un des grands mystères actuels de l'évolution des génomes (voir le chapitre 4).

Il existe diverses méthodes informatiques de prédiction des gènes à partir des séquences ; elles tiennent compte des propriétés des séquences propres aux exons par rapport aux séquences des autres éléments du génome, mais aucune de ces méthodes ne donne entière satisfaction. Faute de mieux, nous en sommes donc réduits à proposer des « modèles de gènes » pour désigner ce qui nous semble être l'interprétation la plus vraisemblable de la séquence à partir des prédictions et des comparaisons effectuées. Ces modèles de gènes s'affinent au fur et à mesure que de nouvelles comparaisons de séquences deviennent possibles, d'où l'utilité du séquençage de nouveaux génomes. Le séquençage direct des ARN messagers (à partir de leur ADN complémentaire synthétisé *in vitro*) est la méthode la plus fiable pour définir un gène dans une séquence génomique. Cela revient, en quelque sorte, à demander à la cellule de faire le travail à notre place puisque, dans les ARN messagers, l'épissage des introns a été fait correctement et les limites précises des séquences transcrites nous sont données. Mais cette méthode est encore très laborieuse à mettre en œuvre pour tous les gènes d'un génome.

Si le morcellement des gènes représente un handicap pour leur identification, il représente un avantage considérable pour les organismes vivants en autorisant l'épissage alternatif des ARN messagers (qui permet à un même gène de donner naissance à des ARN messagers différents, voir le chapitre 2). Rappelons que, en moyenne, les gènes humains sont constitués de 10,4 exons – ce nombre étant sensiblement égal à celui que l'on trouve pour les gènes de souris ou de poissons. L'épissage alternatif est beaucoup plus répandu qu'on ne l'a longtemps cru. Chez l'homme, on estime que ce phénomène conduit, en moyenne, à trois ou quatre protéines différentes par gène. Chez le nématode,

Caenorhabditis elegans, ce rapport est de 1,9. Le fait que, pour un gène donné, on retrouve souvent plusieurs ARN messagers différents représente l'un des problèmes actuels de l'analyse informatique des séquences des génomes, car on ne sait pas prédire ces différentes formes. Certains gènes offrent des combinatoires d'épissage alternatif tellement élevées que le nombre possible de molécules d'ARN messager distinctes dépasse largement le nombre de molécules qui existent dans l'organisme. Avec l'épissage alternatif, la complexité des organismes est donc bien supérieure à celle de leurs gènes.

La redondance, les duplications et les paralogues

La combinatoire évolutive ne s'arrête pas là. Tous les génomes montrent un degré élevé de redondance interne. Celle-ci est due à deux phénomènes : la présence d'éléments répétés, que nous verrons ci-dessous, et l'existence de familles de gènes issues de duplications ancestrales. Les duplications de gènes sont l'un des principaux moteurs de l'évolution, résultant de plusieurs mécanismes distincts (voir le chapitre 4). Ce qui nous intéresse ici, ce sont les traces que ces duplications laissent dans les génomes, sous forme de gènes apparentés, appelés gènes « paralogues » : deux gènes sont dits « paralogues » lorsqu'ils sont présents simultanément dans le même génome et que leurs séquences permettent de conclure qu'ils dérivent d'un même gène ancêtre ayant subi une duplication. Les séquences des gènes paralogues peuvent avoir divergé plus ou moins fortement depuis cette duplication. D'une façon générale, plus l'événement de duplication est récent, plus les séquences se ressemblent ; et plus il est lointain, plus les séquences divergent (mais la réalité est plus complexe, voir le chapitre 4). Les duplications successives créent des familles de gènes paralogues dont le nombre de membres va en augmentant, et dont l'étude nous apporte de précieuses informations sur les mécanismes moléculaires de l'évolution. Ainsi, par exemple, il existe un gène pour chaque chaîne polypeptidique de l'hémoglobine chez les amphibiens, mais plusieurs chez les mammifères et les oiseaux, suite à des duplications successives au cours de l'évolution des vertébrés. Certaines des copies sont d'ailleurs redevenues des pseudogènes inactifs (voir ci-dessous). Les familles de gènes paralogues peuvent atteindre des tailles très importantes comme, par exemple, celle des gènes des récepteurs olfactifs chez les mammifères, avec plusieurs centaines de membres. Au total, la présence des familles de gènes paralogues contribue de façon significative au nombre total de gènes d'un génome. Environ 40 % des gènes de la drosophile sont membres de familles de paralogues, 65 % chez *Arabidopsis thaliana*, 49 % chez *Caenorhabditis elegans* et 43 % chez la levure de boulangerie. Chez l'homme, c'est environ la moitié des gènes qui appartiennent à des familles de paralogues comprenant de deux à de très nombreux membres.

Les pseudogènes et les reliques de gènes

Les duplications de gènes sont compensées en partie par la dégénérescence de certaines copies de gènes. Ces dernières peuvent laisser des traces dans les génomes sous forme de reliques témoins des événements passés de l'évolution, appelées « pseudogènes » – le génome humain en contient environ vingt mille, c'est-à-dire à peu près autant que de gènes actifs. Nous avons vu précédemment (p. 79) que des pseudogènes maturés, copies réverses d'ARN, sont intégrées dans le génome. Mais il existe aussi un nombre important de pseudogènes formés par dégradation mutationnelle d'une copie de gène sans passer par un intermédiaire ARN. Contrairement aux pseudogènes maturés, ils ne portent pas de traces de polyadénylation (c'est-à-dire pas de queue poly-A) et peuvent contenir des traces d'introns.

Tous les génomes montrent des pseudogènes correspondant aussi bien aux gènes dont les produits finaux sont des protéines qu'à ceux dont les produits sont des ARN non codants. Selon les cas, leur état de dégradation par rapport aux gènes actifs est plus ou moins avancé. Certains pseudogènes ne portent que quelques altérations de séquence (par exemple un codon de terminaison dans un cadre ouvert de lecture, ou l'insertion ou la délétion d'un très petit nombre de nucléotides). On les imagine de formation très récente et il est possible qu'ils puissent redevenir des gènes actifs par mutations réverses, formant ainsi une sorte de « réservoir » de séquences pour l'évolution à venir. D'autres pseudogènes, plus anciens, montrent des séquences tellement altérées (délétions importantes, très nombreuses petites insertions et délétions) qu'il n'est pas imaginable de penser qu'ils puissent jouer ce rôle, sauf éventuellement dans des cas où de petites parties de ces pseudogènes se recombineraient avec des gènes actifs.

Compte tenu de l'état très imparfait de conservation des séquences de certains pseudogènes par rapport à celles des gènes actifs, il est vraisemblable qu'il existe beaucoup plus de traces d'anciens gènes dans les génomes que celles que l'on est d'ores et déjà capables de reconnaître. Certains génomes tendent à éliminer ces traces plus efficacement que d'autres. Ainsi, les levures dont les génomes sont compacts montrent peu de reliques de gènes, mais celles que l'on trouve correspondent précisément à l'emplacement d'anciens gènes dupliqués, comme on peut s'en apercevoir en comparant différentes espèces.

Les transposons et les éléments réitérés des génomes

La découverte de la présence d'éléments génétiques mobiles dans les génomes séquencés ne fut pas une surprise pour les généticiens. Ils les avaient trouvés et abondamment étudiés dès le milieu du XXe siècle, en particulier chez le maïs, dont le génome en comporte beaucoup. L'histoire a d'ailleurs voulu que le premier mutant de la drosophile étudié aux tout débuts de la génétique soit le fruit de l'insertion d'un élément génétique mobile (identifié plus tardivement) dans un gène nécessaire à la synthèse du pigment rouge de l'œil. Cette insertion inactivait le gène (ce qui donnait un mutant aux yeux blancs). Avec le maïs, on avait découvert que l'activité des éléments génétiques mobiles déclenchait d'importants remaniements chromosomiques : des cassures, des fusions, des translocations. Ils étaient reconnus comme responsables d'importantes instabilités génétiques.

La nature moléculaire des éléments génétiques mobiles, appelés maintenant « transposons », ne fut élucidée qu'à partir des années 1980, chez les bactéries d'abord, puis chez divers organismes eucaryotes. À titre d'exemple, l'élément Ac (pour « activateur ») du maïs, qui joua un rôle historique dans la découverte des éléments génétiques mobiles, correspond à une séquence d'ADN de 4,6 kilobases insérée dans les chromosomes (une kilobase correspond à mille nucléotides). À ses extrémités se trouvent de courtes séquences répétées inversées (une signature de ce type d'éléments) que l'on nomme « pieds du transposon ». Cette séquence est transcrite en un ARN qui, après épissage de ses introns et polyadénylation, servira d'ARN messager pour la synthèse d'une protéine responsable de la transposition de l'élément, c'est-à-dire de l'insertion d'une copie de cet élément dans un autre locus du génome. Peut-on imaginer système plus simple et plus égoïste ? Les conséquences de l'activité des éléments génétiques mobiles pour l'évolution des génomes sont considérables.

Il existe une grande variété de transposons, que l'on peut classer en familles. Des membres d'une même famille de transposons peuvent se retrouver dans des organismes très différents, ce qui suggère leur ancienneté évolutive. Aux différentes familles correspondent différentes structures des éléments mobiles et divers modes de transposition. Les transposons de la même famille que l'élément Ac du maïs se propagent dans les génomes en s'insérant dans un nouveau site de l'ADN, distinct de leur site initial: ils sectionnent celui-ci et s'y insèrent en recollant les extrémités des fragments chromosomiques à leurs propres extrémités. Le départ du transposon de son locus initial laisse des traces dans le chromosome, qui peuvent déclencher de grands réarrangements chromosomiques. L'arrivée du transposon dans un nouveau locus peut inactiver un gène (s'il s'insère dedans), ou activer un gène voisin (les transposons emportent leur propre promoteur), ou encore ne rien changer. Mais, dans tous les cas, cette arrivée offre des possibilités supplémentaires d'altérations chromosomiques futures si des recombinaisons se produisent entre les copies dispersées de transposons identiques.

Un grand nombre de transposons ne suivent pas le modèle précédent, mais se transposent dans les génomes par l'intermédiaire des molécules d'ARN qu'ils produisent : ces molécules d'ARN sont rétrotranscrites en ADN, puis insérées dans un nouveau locus du génome, à la manière des rétrovirus. C'est pourquoi on les appelle « rétrotransposons » ou « rétroposons ». Le premier rétroposon (Ty1) a été découvert chez la levure de boulangerie en 1984 grâce à un élégant artifice de biologie moléculaire. C'est le prototype d'une grande classe d'éléments (la classe I, qui comprend de nombreuses familles) que l'on retrouve chez de très nombreux organismes, y compris chez l'homme, et qui sont délimités par deux séquences d'environ trois cents nucléotides chacune, identiques entre elles, de même orientation – formant ainsi une répétition directe – et appelées LTR (pour « *long terminal repeats* »). Entre ces LTR se trouve un gène qui s'étend de façon complexe sur une séquence d'environ six kilobases et qui détermine la synthèse de plusieurs protéines, dont une transcriptase réverse. Une deuxième grande classe de rétroposons (la classe II) a été initialement découverte chez la drosophile. Ces éléments ne possèdent pas de LTR, mais portent une queue de type poly-A, comme les ARN messagers. Ils contiennent également un gène complexe, s'étendant sur environ six kilobases, qui détermine la synthèse de plusieurs protéines, dont une transcriptase réverse.

C'est parmi cette dernière classe que se trouvent les éléments L1 du génome humain. Ces éléments, qui font partie de la famille des LINE (pour « *long interspersed nuclear elements* »), sont très caractéristiques des génomes des mammifères. Plus de cent mille copies de l'élément L1 sont dispersées dans le génome humain. À lui seul, cet élément couvre plus de 6 % de notre génome, soit trois fois plus que les séquences utilisées pour coder les protéines. En très grande majorité (plus de 95 %), ces éléments sont incomplets : il leur manque des parties plus ou moins grandes en amont, ce qui signe leur propagation par rétrotranscription ; ce sont des fossiles moléculaires. Mais il reste quelques milliers d'éléments L1 actifs capables de se transposer dans notre génome et de faire ainsi évoluer ce dernier. C'est, de manière très inattendue, ce qui s'est passé à l'origine des primates (singes et homme), car leurs génomes contiennent toujours un très grand nombre de copies d'une autre famille d'éléments appelés SINE (pour « *short interspersed nuclear elements* »). Il s'agit d'éléments courts (environ trois cents nucléotides) ne contenant aucun gène, mais terminés par une queue poly-A. Chez l'homme, l'élément le plus abondant de cette famille est appelé « séquence Alu » (pour des raisons historiques). Il y en a plus d'un million de copies dispersées à travers tout notre génome, aussi bien entre les gènes qu'en leur sein même (dans les introns et les UTR) : les trois quarts de nos gènes contiennent ainsi des séquences Alu. À elles seules, les séquences Alu constituent plus de 10 % de notre génome. On notera au passage que l'ensemble des différents transposons (une vingtaine de familles distinctes) couvre 45 % de la totalité de notre génome. Les séquences Alu sont spécifiques des primates. Les génomes des rongeurs montrent également de nombreux éléments SINE, mais d'une autre nature. Les séquences Alu ressemblent étrangement à un gène qui détermine la synthèse d'un petit ARN non codant impliqué dans le transport des protéines dans la cellule. Il est vraisemblable que les séquences Alu se propagent dans notre génome grâce aux protéines codées par les éléments L1 actifs.

Les séquences Alu nous aident beaucoup pour reconstruire les étapes de l'évolution des génomes de l'homme et des autres primates.

Un examen attentif permet de les classer en trois groupes, deux anciens et un récent (on peut les dater en analysant les divergences de séquences entre les éléments, voir le chapitre 4). Ces trois groupes semblent correspondre à trois épisodes d'amplification massive des séquences Alu dans les génomes des primates. Les premiers épisodes sont anciens (avant la séparation des platyrhiniens et des catarhiniens), le dernier est spécifique de la lignée commune à l'homme et au chimpanzé. Il faut rappeler ici que les platyrhiniens, ou « singes du Nouveau Monde » (marmousets, tamarins, etc.), et les catarhiniens, formant un groupe comprenant les « singes de l'Ancien Monde » (babouins, macaques, colobes, etc.) et les hominoïdes (chimpanzés, bonobos, gorilles, orangs-outans, gibbons et hommes), descendent d'une population ancestrale commune qui, d'après les fossiles, vivait il y a environ trente-cinq millions d'années. D'autres épisodes d'amplification des séquences Alu, moins importants, se sont produits à différentes époques. Il existe même un type de séquences Alu spécifique à l'homme (absent chez le chimpanzé) dont notre génome compte près de deux mille copies, certaines étant polymorphes parmi la population humaine. Elles représentent elles aussi trois vagues d'amplification, datées respectivement de 4,8, 2,4 et 2,3 millions d'années. On notera que, contrairement aux transposons à ADN, dont la propagation dans les génomes ne peut se faire que graduellement (car ils se propagent par réplication de leur ADN), les rétroposons ont la capacité de déclencher des événements massifs de transposition si leur transcription (d'ADN en ARN) se trouve accidentellement augmentée, fournissant de nombreuses molécules d'ARN qui servent de matrices pour la transcription réverse (d'ARN en ADN). La mobilité des séquences Alu n'est pas seulement un événement fossile : on estime qu'il se produit actuellement une nouvelle insertion d'élément Alu toutes les deux cents naissances en moyenne. Par malchance, certaines de ces insertions peuvent conduire à une déficience génétique (par exemple, un cas de neurofibromatose a été signalé). Pour les éléments anciens, le calcul indique que, lors des premières phases d'expansion chez les primates, il devait se produire en moyenne une insertion par naissance.

L'importante présence des séquences Alu dans le génome humain, héritage de nos ancêtres, peut avoir des conséquences délétères. Par exemple, des recombinaisons illégitimes se produisent entre séquences Alu insérées dans différents introns du même gène, entraînant la délétion de un ou plusieurs exons. On cite des cas d'hémophilie, d'angiœdème héréditaire ou d'hypercholestérolémie familiale dus à ce mécanisme. Ce sont les conséquences néfastes mais inévitables des mécanismes mêmes de l'évolution. Tous les génomes ne sont pas aussi riches en transposons que celui de l'homme, chez lequel l'ensemble des éléments réitérés dérivés des transposons constitue 45 % du génome total. Par exemple, le génome du tétrodon, poisson récemment étudié, contient une diversité beaucoup plus grande de transposons (soixante-treize familles) que le génome humain (vingt familles), mais un nombre bien moins important de copies (seulement quatre mille au total, contre plus d'un million).

Les ADN satellites et les autres éléments des génomes

Contrairement à ce que leur nom suggère, les ADN satellites ne sont pas des molécules d'ADN indépendantes des chromosomes : il s'agit de courtes séquences répétées que l'on trouve en grand nombre dans les génomes. Chez l'homme, bien avant que l'on connaisse la séquence du génome, deux types de séquences satellites avaient attiré l'attention par leur important polymorphisme dans la population, d'où leur utilisation pour le typage génétique des individus (ce que l'on appelle couramment « analyse ADN » dans les médias). Pour cette raison, on les avait appelées VNTR (pour « *variable number of tandem repeats* »). Ce terme groupe des minisatellites et des microsatellites. Les minisatellites sont des séquences composées chacune d'un motif élémentaire d'une vingtaine de nucléotides environ, répété à l'identique, ou presque, un grand nombre de fois bout à bout (on appelle ces structures « séquences répétées en tandem ») ; plus de dix mille minisatellites sont présents dans notre génome. Les microsatellites sont des séquences composées de motifs élémentaires plus courts (typiquement un à cinq nucléotides), également répétés un très grand nombre de fois en tandem ; on en connaît plus de cent mille, dispersés dans notre génome. Tous les génomes d'organismes eucaryotes possèdent des minisatellites et des microsatellites et, comme chez l'homme, leur variabilité dans les populations permet de les utiliser pour le typage des individus (ou celui des souches pour les micro-organismes). Les répétitions des VNTR sont des zones de plus grande instabilité lors des réplications de l'ADN, ce qui explique leur fort degré de polymorphisme ; elles peuvent également être le siège de recombinaisons entre séquences de même nature, et donc responsables d'instabilités chromosomiques. Certains microsatellites, situés dans les gènes ou à leur proximité immédiate, peuvent être le siège de fortes expansions de taille lors des méioses (augmentation du nombre des répétitions) responsables de maladies génétiques (la plupart sont des maladies neurologiques dégénératives). On ne comprend pas bien quel mécanisme déclenche de telles expansions. Il est vraisemblable que des erreurs en série se produisent lors de la réplication de l'ADN.

Une variété d'autres séquences fortement répétées se trouve dans les génomes, en particulier au niveau des centromères (éléments des chromosomes importants pour la répartition de ces derniers lors des mitoses et méioses) et à proximité des télomères (extrémités des chromosomes). Elles correspondent souvent à des régions très pauvres en gènes et présentant une structure condensée de la chromatine (hétérochromatine) impropre à la transcription de l'ADN. Enfin, d'autres éléments très divers peuvent se trouver dans les génomes sans que leur présence ait nécessairement une fonction précise. Parmi eux, on observe très régulièrement des petits fragments d'ADN venant des mitochondries (ou des chloroplastes chez les plantes). Il faut rappeler ici que, dans les cellules eucaryotes, les mitochondries (et les chloroplastes chez les végétaux) sont des organelles qui possèdent leur propre génome, contenant un petit nombre de gènes très spécifiques. Des copies de petits fragments de ces génomes sont trouvées, intégrées dans les chromosomes, entre les gènes ou dans leurs introns. On les appelle NUMT (pour « *nuclear mitochondrial fragment* ») ou NUPT (pour « *nuclear plastid fragment*»). Ils ne correspondent pas à des gènes actifs (ils sont découpés au hasard par rapport aux gènes mitochondriaux ou chloroplastiques), mais indiquent seulement un transfert régulier d'ADN des organelles vers le noyau, probablement à la suite d'altérations de structure des organelles et de cassures accidentelles de l'ADN nucléaire. On peut recenser plus de deux cents NUMT dans le génome humain, dont les séquences indiquent qu'ils correspondent à des insertions d'âges différents dans la lignée ancestrale (voir le chapitre 4). Les plus anciens se retrouvent également dans le génome du chimpanzé, ce qui indique que leur insertion s'est produite avant la séparation des deux espèces. D'autres sont spécifiques à la lignée humaine et certains ne sont même pas présents chez tous les individus, ce qui montre que leur origine est récente. Les NUMT sont des fossiles moléculaires permettant de retracer l'histoire des événements évolutifs. Mais de nouvelles insertions de NUMT semblent pouvoir se produire constamment, comme en témoigne la naissance d'enfants affectés de nouveaux syndromes génétiques dus à l'insertion accidentelle et malheureuse d'un NUMT dans un gène important pour leur développement.

4

Processus et mécanismes de l'évolution des gènes et des génomes

La grande complexité des génomes est à la fois la conséquence de leur évolution antérieure et la source de l'évolution à venir. Chaque génome peut être vu comme un instantané d'une histoire évolutive permanente dans laquelle le passé contraint l'avenir. Dans cet instantané, les contingences abondent. Aussi, pour identifier les processus fondamentaux de l'évolution des gènes et des génomes ainsi que les mécanismes moléculaires qui les sous-tendent, il est nécessaire de disposer d'informations pertinentes – et en premier lieu d'un nombre suffisant de séquences génomiques d'organismes divers. En outre, ces organismes doivent être bien choisis, car les traces de l'évolution s'estompent avec le temps, une multiplicité d'événements laissant une superposition d'empreintes. En comparant des organismes très éloignés les uns des autres, par exemple une bactérie et l'homme – dont le dernier ancêtre commun remonte à plus d'un milliard et demi d'années –, on s'aperçoit que leurs deux génomes ne partagent plus que les éléments essentiels à la vie cellulaire elle-même ; les ressemblances restent informatives, mais les différences ne le sont plus. Il faudrait donc disposer de nombreux intermédiaires pour espérer pouvoir retracer les principales étapes évolutives depuis l'ancêtre commun aux bactéries et à l'homme, mais la plupart ont disparu. À l'opposé, en comparant les génomes d'espèces très proches, par exemple le chimpanzé et l'homme – dont le dernier ancêtre commun remonte à quelques centaines de milliers de générations (soit de quatre à six millions d'années) –, les différences reflètent directement les événements individuels qui ont affecté leurs génomes, mais leurs ressemblances ne sont pas informatives, car elles illustrent seulement leur origine commune récente. Il faut donc les comparer à une référence extérieure, par exemple d'autres primates, d'autres mammifères ou des poissons, selon l'échelle de temps à laquelle on souhaite se placer. Nous voyons ici à quel point l'étude de nombreux génomes est importante si l'on veut dégager les principaux processus de l'évolution. Pour identifier les mécanismes moléculaires responsables de ces processus, il faut de plus faire appel à nos connaissances sur la structure et le fonctionnement du matériel génétique, et ne pas hésiter à se lancer dans l'expérimentation en utilisant les organismes qui le permettent. Dans ce contexte intellectuel, l'augmentation rapide des données sur les séquences des génomes commence à nous renvoyer une image cohérente de l'évolution des gènes et des génomes.

La divergence des séquences

La divergence des séquences est la première cause de l'évolution. C'est un phénomène intrinsèque au processus même de réplication de l'ADN à chaque génération cellulaire, comme nous l'avons vu au chapitre 1. Aussi fidèle soit-il, ce processus ne peut pas produire l'identique, même s'il produit le semblable : à chaque génération cellulaire, les séquences des génomes subissent quelques changements. Les générations se succédant, les divergences des séquences entre descendants d'un même ancêtre vont en s'amplifiant, créant un polymorphisme génétique grandissant dans les populations.

Ce polymorphisme génétique est soumis à deux forces qui l'érodent en permanence, la dérive génétique et la sélection naturelle, les interactions entre ces trois éléments produisant un état d'équilibre dynamique complexe qui caractérise les populations naturelles.

La dérive génétique est un phénomène stochastique correspondant à l'échantillonnage aléatoire des allèles de chaque gène au hasard des transmissions héréditaires et dont le résultat dépend directement de la taille des populations. Plus une population est petite, plus rapidement l'une des séquences (l'un des allèles de chaque gène) pourra l'emporter aux dépens de toutes les autres, indépendamment de toute considération autre que le simple échantillonnage. L'allèle qui l'emporte est dit « fixé » dans la population. C'est lui qui se trouvera présent dans toutes les générations suivantes, éliminant ainsi le polymorphisme génétique qui existait auparavant pour ce gène. Évidemment, un nouveau polymorphisme du même gène sera recréé dans la suite des générations, donnant de nouvelles populations. Dans un état d'équilibre entre l'augmentation de la divergence des séquences par mutation et sa diminution par dérive génétique, le polymorphisme des allèles au sein de la population persiste quantitativement, mais change qualitativement, car ce ne sont pas nécessairement les mêmes allèles qui sont créés ou qui disparaissent.

La sélection naturelle, elle, dépend de la nature des séquences, toutes les mutations n'ayant pas le même effet sur la viabilité de l'organisme et sur ses performances reproductrices dans un environnement donné. Certaines mutations peuvent être bénéfiques, d'autres être délétères, d'autres encore être neutres. Voyons de quelle manière ces différents types de mutations agissent sur le génome des populations chez lesquelles elles se produisent.

Intéressons-nous d'abord aux mutations « neutres », ainsi qualifiées lorsqu'elles n'ont aucun effet (ni positif, ni négatif) sur les performances et l'aptitude à se reproduire des organismes qui les portent. Dans la pratique, il n'est pas toujours aisé de vérifier ces critères, d'où de nombreux débats. Mais, à partir des séquences génomiques, nous pouvons prédire les mutations qui doivent être neutres, au moins en première approximation. C'est le cas, par exemple, des mutations silencieuses dans les cadres de lecture codant des protéines, c'est-à-dire des mutations qui, selon le code génétique, ne modifient pas les acides aminés de la protéine. Il en va de même de la plupart des mutations qui affectent les séquences des introns (sauf celles impliquées dans les réactions d'épissage), les séquences intergéniques (sauf celles impliquées dans la régulation de l'expression des gènes) ou les pseudogènes (avec quelques restrictions cependant).

En utilisant uniquement les positions des séquences correspondant à des sites mutationnels neutres, on est en mesure de comptabiliser les changements neutres qui se sont effectivement produits entre deux séquences homologues (il existe des corrections pour tenir compte de la probabilité des changements successifs qui effacent les changements antérieurs quand l'éloignement évolutif s'accroît). On peut donc calculer un

« taux de mutations neutres » entre deux génomes, rapport entre le nombre de mutations neutres observées et le nombre de tous les changements neutres possibles pour les séquences concernées. En première approximation, ce taux est proportionnel au nombre de générations qui se sont écoulées depuis le dernier ancêtre commun aux deux génomes comparés. Si l'on dispose de fossiles fiables pour le groupe d'organismes étudiés, on peut rapporter ce taux de mutations neutres à l'échelle des temps géologiques, ce qui nous fournit une horloge. Par exemple, pour les primates, on estime ce taux à 10^{-9} mutation par nucléotide et par année (un nucléotide sur un milliard changé par année). Mais, d'un groupe d'organismes à un autre, cette horloge n'est pas nécessairement la même, car plusieurs phénomènes interviennent, dont évidemment le temps moyen entre deux générations. Par exemple, le taux de mutations neutres par année est plus élevé pour les poissons que pour les mammifères.

En comparant deux génomes dont l'éloignement évolutif est bien calibré par les mutations neutres, on est maintenant en mesure de déterminer les forces de sélection qui s'opèrent sur les autres positions des séquences, en particulier celles dont les mutations affectent les séquences des protéines. Pour cela, on calcule comme précédemment, pour chaque couple de gènes homologues étudié, un « taux de mutations substituant les acides aminés ». En comparant ce dernier taux à celui des mutations neutres, on peut déterminer si les changements de séquence de la protéine correspondante ont été sélectionnés positivement ou négativement, ou encore s'ils n'ont pas été sélectionnés pendant la période évolutive ayant séparé les deux génomes. Dans le premier cas (sélection positive), on peut conclure à une adaptation fonctionnelle d'une protéine qui ne jouait pas un rôle essentiel dans l'organisme ancestral; les changements de séquence sont positivement sélectionnés. Dans le deuxième cas (sélection négative), on conclut que la protéine joue un rôle essentiel dans l'organisme et tolère peu de variations ; les changements de séquence sont négativement sélectionnés. Dans le troisième cas enfin (pas de sélection), on conclut que les changements de séquence de cette protéine sont neutres. Par le simple effet de la divergence de séquence à chaque génération, les différents gènes d'un même organisme peuvent donc évoluer dans deux directions opposées : l'adaptation à de nouvelles fonctions et la conservation de fonctions anciennes. Avec les duplications de gènes que nous verrons ci-dessous, le mystère de la complexification croissante des organismes vivants au cours de l'évolution trouve déjà un début d'explication. Dans une étude récente portant sur plus de sept mille cinq cents gènes homologues entre l'homme, le chimpanzé et la souris, une évolution adaptative dans la lignée humaine a été trouvée pour plus d'une centaine de gènes, qui montrent une divergence des séquences plus rapide que le taux de mutations neutres. Parmi la variété des fonctions concernées, on note des gènes impliqués dans l'olfaction et dans l'audition, peut-être en rapport avec le développement particulier de ces sens chez l'homme, mais aussi des gènes impliqués dans des fonctions cellulaires de base comme le transport des macromolécules entre le noyau et le cytoplasme.

Chez les organismes diploïdes et à reproduction sexuée, comme l'homme, le polymorphisme génétique des populations se reflète au sein même de chaque individu, entre les paires de chromosomes homologues, car l'un des membres de chaque paire est d'origine maternelle, l'autre d'origine paternelle – les généticiens parlent d'« hétérozygotie » pour désigner le fait que les deux allèles du même gène ne sont pas identiques. Une grande part de cette hétérozygotie est due à la présence de deux nucléotides différents entre les deux allèles pour une position donnée de la séquence – on parle alors de SNP (pour «*single nucleotide polymorphism*»). L'un des deux nucléotides représente l'allèle d'origine paternelle, l'autre celui d'origine maternelle. Plusieurs SNP distincts peuvent exister entre les deux allèles d'un même gène, et une succession de SNP apparaît quand on considère les gènes successifs d'un même chromosome. On appelle «haplotype» l'arrangement des différents allèles le long de chacun des deux chromosomes homologues. Ces haplotypes nous sont d'une grande utilité en génétique humaine pour l'identification des gènes dont l'altération par mutation est responsable de maladies héréditaires. Le taux d'hétérozygotie moyen du génome humain est de l'ordre de 0,09 %, c'est-à-dire que, dans une séquence donnée, on trouve en moyenne un SNP pour un peu plus d'un millier de nucléotides. Beaucoup d'espèces animales ou végétales ont des degrés d'hétérozygotie nettement supérieurs (souvent de plus de 1 %, parfois même compris entre 5 et 10 %). Chez le chimpanzé et le gorille, le taux d'hétérozygotie du génome est très légèrement supérieur à celui de l'homme, mais il est, à l'inverse, légèrement inférieur chez le bonobo.

À partir des taux d'hétérozygotie, on peut calculer un nombre appelé « taille effective de la population sur le long terme », élément indispensable pour reconstituer l'histoire évolutive de l'espèce – pour l'homme comme pour ses proches cousins, il est d'une quinzaine de milliers d'individus seulement. Il ne s'agit pas du nombre d'individus que les populations précédentes comptaient (ce serait fort peu !), mais, compte tenu du degré de polymorphisme génétique, du nombre moyen d'individus qui ont contribué génétiquement à la population actuelle depuis l'origine de l'espèce. Plus précisément, à partir du polymorphisme des séquences, on peut dater le dernier ancêtre commun à tous les allèles d'un même gène dans la population. Cette date correspond au temps de coalescence. Elle ne dit pas qu'il n'y avait qu'un allèle dans la population de l'époque, mais que, parmi tous les allèles de cette population, un seul a donné naissance à toute la descendance actuelle. C'est ainsi que la coalescence des gènes mitochondriaux (à transmission héréditaire exclusivement maternelle) a permis de conclure à une aïeule unique (une « Ève » mitochondriale), il y a dix mille générations (soit deux cent mille ans). De même, la coalescence des gènes du chromosome Y (à transmission héréditaire exclusivement paternelle) remonte à un autre aïeul théorique (un « Adam »), estimé à environ autant de générations. Mais cela ne signifie aucunement que la population humaine actuelle dérive d'un seul couple. D'abord, parce que ces deux estimations de coalescence ont une imprécision de plusieurs milliers de générations. Ensuite et surtout parce que les coalescences des différents autres gènes portés par les autres chromosomes remontent à des temps différents (en général de l'ordre de cinquante mille générations, soit un million d'années). Au total, chaque « aïeul » ainsi calculé n'est l'ancêtre que d'un petit nombre de nos gènes, voire d'un seul.

Les duplications

La duplication des séquences est la seconde cause de l'évolution. Ce phénomène ne doit pas être confondu avec la réplication normale de l'ADN à chaque génération cellulaire : il s'agit ici de duplication accidentelle produisant une copie surnuméraire de tout ou partie du génome dans une même cellule. Nous avons vu, par exemple, l'existence de duplications de segments chromosomiques au chapitre 1. D'autres mécanismes engendrent des duplications de gènes, comme nous le verrons un peu plus loin. Mais, quel que soit le mécanisme qui leur donne naissance, les duplications de gènes forment la base à partir de laquelle la divergence des séquences permet les innovations et les perfectionnements de l'évolution. Cette idée n'est pas nouvelle. Elle fut remarquablement défendue dans les années 1970 par Susumu Ohno, mais on en trouve déjà les éléments dès les débuts de la génétique, au cours de la première moitié du XXe siècle. Le raisonnement est simple : si la divergence de séquence d'un gène (et donc de son produit) est limitée par la sélection naturelle (sélection négative), la présence des deux copies de ce gène abolit cette sélection négative ; en effet, étant donné que l'une des deux copies permet de conserver la fonction initiale soumise à la sélection, la séquence de l'autre peut diverger au rythme du taux des mutations neutres.

Différents exemples de gènes dupliqués furent observés dès les années 1970 dans les génomes de divers organismes. Ils alimentèrent de longs débats et amenèrent à proposer l'idée que des duplications complètes de génomes entiers puissent expliquer les innovations majeures de l'évolution. Par exemple, on pensait que deux duplications totales des génomes étaient à l'origine des vertébrés, ce qui aurait expliqué pourquoi certains groupes de gènes se trouvent en quatre copies comme, par exemple, les gènes Hox, responsables de la synthèse de protéines régulatrices de l'expression de nombreux autres gènes impliqués dans le développement embryonnaire. Les plantes fournissent des exemples de polyploïdisation (multiplication du nombre de lots de chromosomes par cellule) de leur génome, ce qui, par analogie, pouvait suggérer l'étape initiale du phénomène. Cependant, aucun génome, sauf précisément ceux de certaines plantes, ne montre réellement de duplication totale. Nos idées se sont considérablement clarifiées récemment grâce aux séquences complètes des génomes.

Ces nouvelles données ont montré l'importance considérable du phénomène de duplication comme moteur de l'évolution, car tous les génomes séquencés montrent des traces abondantes de duplications ancestrales de types variés. Nous avons déjà mentionné l'existence des familles de gènes paralogues (dérivant d'un même gène ancêtre).

L'examen attentif de nombreux paralogues dans différents organismes nous fournit une idée beaucoup plus précise de l'origine et du devenir des gènes dupliqués.

Considérons tout d'abord leur devenir. Trois situations se présentent, que l'on appelle « non-fonctionnalisation », « néo-fonctionnalisation » et « sub-fonctionnalisation ». Dans le premier cas, l'une des deux copies du gène subit une mutation qui l'inactive fonctionnellement, formant ainsi un nouveau pseudogène. Parmi les descendants de ce mutant, la divergence des séquences pourra alors se poursuivre dans cette copie au rythme du taux des mutations neutres et des délétions pourront également se produire ; la séquence évoluera ainsi lentement, de génération en génération, en une relique de plus en plus dégradée du gène initial. Au niveau de l'évolution, c'est un « essai pour rien ». En résumé, un gène ancestral s'est dupliqué, l'une des deux copies est devenue non fonctionnelle, voire a été entièrement supprimée à la suite d'une délétion, et il ne reste qu'une seule copie fonctionnelle, comme chez l'ancêtre. Par contre, au niveau du génome, on retrouve la trace de l'événement sous la forme d'un pseudogène ou d'une absence totale de gène au locus correspondant.

Dans les deux derniers cas (néo- et sub-fonctionnalisation), les deux copies du gène produites par la duplication ancestrale restent fonctionnelles dans les génomes des descendants, formant des familles de gènes paralogues. Les divergences des séquences peuvent alors les entraîner dans deux directions distinctes: la création d'une nouvelle fonction pour l'une des deux copies (néo-fonctionnalisation) ou la spécialisation des fonctions de chacune des deux copies (sub-fonctionnalisation). Un bel exemple de sub-fonctionnalisation est donné, chez les primates, par les gènes des opsines, les protéines qui fixent le pigment visuel. Il y a trois opsines distinctes chez l'homme – et chez tous les catarhiniens –, assurant une vision trichromatique, car chacune des opsines sélectionne une partie du spectre de la lumière ; elles sont produites par trois gènes distincts, dont deux sont portés par le chromosome X. Les platyrhiniens, en revanche, n'ont que deux gènes produisant des opsines, dont l'un est porté par le chromosome X ; en conséquence, leur vision est bichromatique. Or il s'agit là de la forme ancestrale, car il en va de même pour les rongeurs. Il y a donc eu duplication du gène porté par le chromosome X dans la lignée des catarhiniens. Cette duplication a été suivie d'une spécialisation des fonctions de chacune des copies aboutissant à une meilleure distinction des couleurs. De telles duplications de gènes sont fréquentes, comme on le reverra plus loin. On trouve d'ailleurs un événement de duplication similaire, mais indépendant, chez une espèce particulière de platyrhiniens.

D'autres exemples de néo- ou de sub-fonctionnalisation des copies de gènes peuvent être cités. La duplication du gène d'un enzyme digestif (une ribonucléase digérant les molécules d'ARN double brin, autre forme d'acide nucléique non encore mentionnée ici) chez le colobe (un singe d'Afrique équatoriale) a permis à ce dernier de choisir un nouveau régime alimentaire fait de feuilles, au lieu des insectes et des fruits qui font l'ordinaire de ses cousins. Parfois, l'expansion de microsatellites (voir le chapitre 3) au sein des cadres de lecture facilite la création rapide d'une nouvelle protéine aux propriétés différentes de celles de la protéine dont le gène ancestral déterminait la synthèse. Un exemple est donné par la protéine antigel de certains poissons de l'Antarctique, qui leur permet d'éviter de geler en se fixant sur les cristaux de glace en formation. Cette protéine est synthétisée à partir de la copie d'un gène qui codait antérieurement un enzyme banal du métabolisme, mais ayant subi des duplications internes de motifs à neuf nucléotides conduisant à des répétitions d'acides aminés dans la séquence de la protéine. Souvent, ce sont des différences de régulation de l'expression des copies du gène qui s'appliquent. Il en est ainsi des gènes δ et ε de l'hémoglobine qui s'expriment chez l'embryon, tandis que c'est le gène β qui s'exprime chez l'enfant et l'adulte. De même, la levure de boulangerie possède deux gènes pour le cytochrome c, élément de la chaîne respiratoire cellulaire, dont l'un s'exprime en aérobiose, l'autre en anaérobiose (respectivement en présence et en absence d'oxygène). Ces exemples sont tellement nombreux qu'un modèle dit DDC (pour «*duplication degeneration complementation*») est envisagé, selon lequel la répartition des fonctions du gène initial entre ses deux copies, qui rend chacune indispensable, serait due aux mutations des éléments de contrôle (promoteurs) de l'expression des gènes dupliqués.

Dans certains cas, les propriétés d'une protéine lui permettent d'évoluer vers une nouvelle fonction tout en conservant l'ancienne, sans duplication de son gène.

L'exemple classique est celui des cristallines, protéines qui assurent leur transparence à la lumière aux cristallins des yeux des vertébrés et des mollusques céphalopodes (pieuvres, calmars, etc.). Il existe plusieurs formes de cristallines, qui résultent des duplications successives de gènes dans les deux lignées évolutives, indépendamment l'une de l'autre. Certaines cristallines sont des enzymes classiques du métabolisme cellulaire et gardent cette activité dans les cristallins où leur rôle principal est néanmoins différent ; d'autres n'ont plus qu'un rôle structural. Il y a donc eu partage du gène ancestral en deux fonctions bien distinctes avant que ses duplications permettent la spécialisation fonctionnelle de certaines copies et le maintien de la bifonctionnalité chez les autres.

L'origine des duplications

Revenons maintenant sur l'origine des duplications de gènes. En examinant attentivement les séquences des gènes paralogues et leurs localisations sur les cartes génétiques, ou en comparant entre eux les génomes de différents organismes, on s'aperçoit que plusieurs mécanismes de duplication contribuent à l'évolution. En allant du plus général au plus particulier, on peut citer les duplications totales des génomes, les duplications de chromosomes entiers, les duplications segmentaires, les duplications de copies de gènes en tandem et, finalement, les duplications dispersées de gènes individuels. Entrer dans le détail de tous ces mécanismes dépasserait les besoins de ce livre. Deux d'entre eux méritent cependant que nous nous y attardions.

Le premier est la formation de duplications segmentaires. Le génome humain en montre un très grand nombre : elles occupent 5 % de sa taille totale. Il s'agit de duplications de segments de la séquence, repérables grâce aux comparaisons informatiques. Ces segments ont des tailles variables (entre une et plus de deux cents kilobases) et leurs séquences sont généralement très similaires entre elles, ce qui indique leur origine récente (plus de 90 % des positions des séquences sont identiques). Ces duplications sont dispersées dans le génome. Des phénomènes similaires sont visibles dans beaucoup d'autres génomes, mais ils n'atteignent pas toujours une dimension quantitative aussi importante (2 à 3 % du génome chez la souris et le rat). On ne connaît pas exactement le mécanisme moléculaire de formation de ces duplications segmentaires dans le génome humain. Il semble que l'expansion des séquences Alu (voir p. 112) chez les primates facilite leur formation. Chez les levures, des phénomènes similaires ont pu être observés et étudiés expérimentalement, qui indiquent qu'il s'agit principalement d'accidents de réplication lors des mitoses (par exemple, la duplication surnuméraire d'un réplicon). Ces événements, qui dupliquent simultanément plusieurs dizaines de gènes adjacents, se produisent spontanément chez les levures avec une fréquence de l'ordre de 10^{-10} événement par génération cellulaire (c'est-à-dire une duplication segmentaire pour dix milliards de mitoses). C'est beaucoup plus rare que dans le génome humain, mais, étant donné l'effectif des populations naturelles de levures, cette fréquence est suffisante pour donner à ce mécanisme une importance considérable pour l'évolution. En comparant les génomes de l'homme et du chimpanzé, on distingue clairement les duplications segmentaires communes aux deux espèces (événements survenus chez l'ancêtre commun) de celles qui leur sont spécifiques.

En plus de leur rôle dans la duplication des gènes, les duplications segmentaires peuvent déclencher des réarrangements des chromosomes, faisant ainsi évoluer les cartes génétiques. Par exemple, une inversion chromosomique spécifique du génome du chimpanzé est associée à des duplications segmentaires. De même, la zone de fusion du chromosome 2 humain (ce chromosome a été produit par la jonction de deux chromosomes ancestraux restés indépendants chez le chimpanzé et les autres primates) est riche en duplications segmentaires. Enfin, les duplications segmentaires sont une source de création de nouveaux gènes par fusion de fragments de gènes se trouvant aux extrémités des segments dupliqués. De tels événements ont pu être réalisés expérimentalement chez les levures. Sur le seul chromosome 22 humain (le plus petit), onze cas de ce type ont été recensés. Si la formation de ces gènes mosaïques peut jouer un rôle évolutif, elle peut aussi donner naissance à des protéines de fusion dont le rôle est très délétère – de telles protéines sont à l'origine de nombre de leucémies.

Le deuxième mécanisme spectaculaire est celui de la duplication totale des génomes. À l'origine, il s'agit vraisemblablement de simples accidents de polyploïdisation, comme on en rencontre fréquemment chez les plantes (non-disjonction des lots de chromosomes au moment de la mitose ou de la méiose). Le génome ainsi dupliqué ne reste pas longtemps intact. Des pertes massives de gènes dupliqués se produisent au cours des générations suivantes, soit par délétion, soit par formation de pseudogènes, ce qui aboutit rapidement à un génome partiellement dupliqué. En gros, un génome ayant hérité d'une duplication totale ancestrale ne montre généralement pas beaucoup plus de familles de gènes paralogues qu'un autre génome n'ayant pas hérité d'un tel événement. Pourtant, l'examen comparatif des cartes génétiques des deux génomes montre clairement la trace de l'événement sous forme de blocs synténiques dupliqués (on appelle « blocs synténiques » une succession de gènes voisins qui gardent essentiellement le même ordre sur les cartes génétiques de deux génomes). C'est en utilisant ce principe d'analyse qu'une duplication totale du génome a été montrée dans la lignée ancestrale de certaines espèces de levures.

Dans ce cas, plus de 90 % des gènes dupliqués ont été perdus après la duplication, ce chiffre variant légèrement selon les espèces descendantes de l'événement. Un bel exemple de duplication totale du génome vient d'être identifié en comparant les génomes de l'homme et du tétrodon. Malgré l'important éloignement évolutif entre les deux espèces et les tailles très différentes de leurs génomes (respectivement trois mille cent et trois cent soixante-dix mégabases), des fragments de blocs synténiques peuvent encore être identifiés entre les chromosomes. En les alignant correctement, on voit apparaître les traces d'une duplication génomique totale dans la lignée ancestrale des poissons, après sa séparation d'avec celle de l'homme. De plus, ce résultat démontre qu'il n'y pas eu d'autre duplication totale du génome au cours de la longue évolution des deux lignées depuis leur séparation. En poursuivant l'analyse des blocs synténiques entre les deux génomes, on a même pu reconstituer le génome hypothétique de l'ancêtre commun des vertébrés osseux (l'homme et le tétrodon appartiennent tous deux à cette catégorie) qui a vécu il y a environ quatre cent cinquante millions d'années. À partir de cet ancêtre, des événements évolutifs distincts ont façonné les génomes des deux lignées de ses descendants en les entraînant irréversiblement dans deux directions différentes (voir la figure 6). Chez celle qui a abouti à l'homme, le rôle considérable des éléments transposables a contribué à une augmentation de la taille des génomes propice aux réorganisations chromosomiques et aux duplications segmentaires. Chez celle qui a abouti au tétrodon, les transposons n'ont joué qu'un rôle mineur ; c'est la duplication générale du génome suivie de la perte massive des copies dupliquées qui explique sa structure actuelle.

Quels que soient les mécanismes de leur formation, les duplications de gènes sont extrêmement fréquentes au cours de l'évolution des génomes. Une étude informatique récente des gènes dupliqués de plusieurs organismes séquencés (homme, souris, poulet, drosophile, nématode, deux plantes – l'arabette et le riz – et la levure de boulanger) a montré que le taux moyen de duplication de gènes pour toutes ces lignées évolutives (pourtant très différentes) était de 10^{-8} par gène et par an (une chance sur cent millions de dupliquer un gène chaque année). C'est un taux très élevé si l'on tient compte de l'échelle des temps de l'évolution. L'analyse

Figure 6 *(pages suivantes)*: Représentation schématique des événements évolutifs hypothétiques chez les vertébrés, reconstitués à partir de la comparaison du génome humain et de celui d'un poisson, le tétrodon. À partir de douze chromosomes ancestraux, une forte augmentation de la taille du génome par insertion massive de transposons suivie de translocations et de fusions chromosomiques aboutit finalement aux vingt-trois chromosomes humains tandis que, parallèlement, une duplication totale du génome ancestral suivie de fusions chromosomiques aboutit aux vingt et un chromosomes du tétrodon. Adapté de Jaillon *et al.*, *Nature*, 2004.

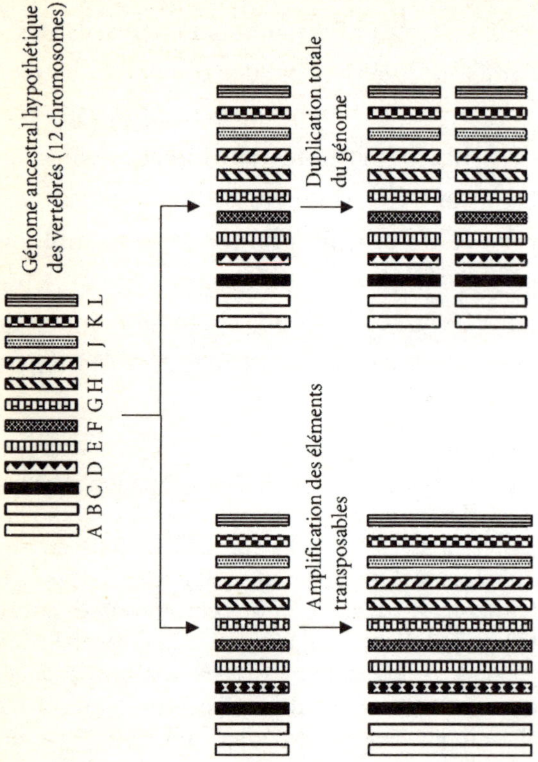

Génome ancestral hypothétique des vertébrés (12 chromosomes)
A B C D E F G H I J K L
Duplication totale du génome
Amplification des éléments transposables

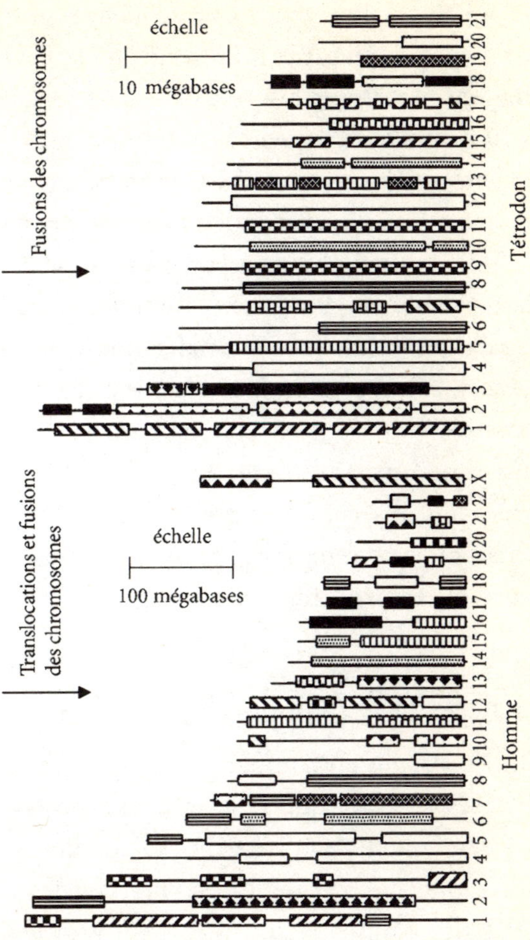
Fusions des chromosomes
échelle
10 mégabases
1 2 3 4 5 6 7 8 9 10 11 12 13 14 15 16 17 18 19 20 21
Tétrodon
Translocations et fusions des chromosomes
échelle
100 mégabases
1 2 3 4 5 6 7 8 9 10 11 12 13 14 15 16 17 18 19 20 21 22 X
Homme

détaillée des divergences des séquences entre les copies dupliquées montre qu'après l'événement de duplication existe une courte période pendant laquelle la sélection naturelle est effectivement relâchée, comme le prévoit la théorie (taux de mutations neutres), suivie ensuite d'une évolution au cours de laquelle la vaste majorité des copies dupliquées sont reperdues (non-fonctionnalisation) et les rares survivants soumis à une forte sélection négative (purification) ou positive (néo- et sub-fonctionnalisation). La similarité des processus observés chez des organismes aussi différents que ceux mentionnés ci-dessus est particulièrement frappante.

La perte et le gain de gènes

On s'aperçoit, en comparant les génomes de diverses espèces, que l'évolution ne procède pas seulement par divergence et duplication des séquences existantes : certains gènes se perdent tandis que d'autres semblent apparaître. La perte de gènes par mutations inactivant leur fonction a déjà été mentionnée pour les copies de gènes dupliqués. C'est l'une des raisons de la présence abondante des pseudogènes dans les génomes. La perte de gènes non dupliqués peut sembler plus surprenante, car l'organisme perd alors la fonction correspondante. C'est pourtant ce que l'on observe régulièrement lorsqu'on compare deux lignées évolutives suffisamment proches. On parle alors d'« évolution régressive ». À titre d'exemple, en comparant le génome humain à ceux de la souris et du rat, on constate qu'une trentaine de gènes fonctionnels chez le rat et la souris n'existent que sous forme de pseudogènes chez l'homme. Tous les pseudogènes portant plusieurs mutations inactivantes chez l'homme (une indication de l'ancienneté de leur formation, voir plus haut) sont également des pseudogènes chez le chimpanzé. En revanche, parmi ceux qui ne portent qu'une seule mutation inactivante (indiquant leur apparition récente), six sont spécifiques à l'espèce humaine – ils sont restés des gènes actifs chez les chimpanzés. L'un d'entre eux est d'ailleurs encore polymorphe dans la population humaine, certains individus portant le gène actif, les autres le pseudogène. Un bel exemple d'évolution régressive ayant affecté l'espèce humaine est fourni par l'un de ces pseudogènes spécifiques de l'homme. Chez le chimpanzé, le gène homologue code une protéine essentielle au développement important des muscles masticateurs. Son inactivation chez l'homme explique que, chez lui, ces muscles soient faiblement développés. En utilisant l'horloge moléculaire appropriée, la formation de ce pseudogène a pu être datée : elle remonte à 2,4 millions d'années, ce qui est en accord avec l'apparition de fossiles d'hominidés montrant une forte réduction des muscles masticateurs corrélative à l'extension de la boîte crânienne.

La perte de gènes entraînant une perte de fonctions n'est évidemment possible que dans les limites tolérées par la sélection naturelle : certains gènes sont essentiels à la survie, mais ils sont peu nombreux. Chez la levure de boulangerie, seul organisme eucaryote chez lequel on ait expérimentalement éliminé par délétion tous les gènes un à un, on a pu constater que seulement 18 % des gènes sont essentiels à la vie de la cellule. Chez la souris, un fragment de génome de plus d'une mégabase a pu être expérimentalement éliminé par délétion sans altérer la survie de l'animal. Dans les deux cas, les organismes ayant perdu ces gènes par manipulation artificielle peuvent avoir une descendance qui hérite de cette perte. Cette descendance ne retrouvera jamais ces gènes, la perte est irréversible. Une phase d'évolution régressive dans une lignée ancestrale détermine donc les possibilités génétiques de toute sa descendance. C'est ainsi, par exemple, que des espèces devenues parasites perdent souvent un grand nombre de gènes, condamnant leurs descendants à ne jamais pouvoir retrouver une vie autonome.

Le gain de gènes est encore plus étonnant que leur perte. D'où proviennent-ils ? Pourtant tous les organismes séquencés montrent dans leur génome un nombre important de gènes capables de coder des protéines et dont les séquences ne ressemblent à celles d'aucun autre gène connu chez les autres organismes. Ces gènes, qui n'ont pas d'homologues, sont qualifiés d'« orphelins ». Quand ces gènes orphelins ont pu être étudiés expérimentalement, comme chez la levure de boulangerie, ils ont montré qu'ils étaient de vrais gènes fonctionnels, dont l'expression était normale et régulée. Certains de ces gènes peuvent être considérés comme orphelins parce que nous n'avons pas encore étudié suffisamment d'organismes pour trouver leurs homologues (mais la force de cet argument diminue rapidement avec l'avancée des travaux actuels) ou parce que leurs séquences ont tellement divergé que leurs homologues ne sont plus identifiables en tant que tels dans les autres organismes. Il reste néanmoins des gènes qui semblent spécifiques à l'organisme étudié ou au petit groupe d'organismes apparentés, mais absents de toutes les autres branches évolutives étudiées. Leur origine est mystérieuse. Comment peut-on acquérir de nouveaux gènes dans un génome ? La création de nouveaux gènes actifs *ex nihilo* est très difficile à imaginer. Il n'y a que très peu d'enzymes capables de catalyser la polymérisation de nucléotides sans matrice, et les rares enzymes qui le font engendrent des séquences monotones, comme les queues poly-A des ARN, et non des gènes. Une autre possibilité, beaucoup plus raisonnable, consiste à considérer que les nouveaux gènes sont formés à partir de séquences préalablement existantes dans les génomes, mais qui ne correspondaient pas à des gènes fonctionnels (fragments d'anciens gènes ou d'éléments mobiles, répétés, etc.). Une dernière possibilité est l'acquisition de gènes à partir d'autres organismes non apparentés (phénomène de transfert horizontal). Le transfert horizontal de gènes joue un rôle très important chez les bactéries. Chez les eucaryotes, en revanche, ce phénomène ne joue pas un rôle quantitativement aussi important (probablement parce que les barrières empêchant l'entrée de molécules d'ADN étranger sont plus efficaces ou simplement parce que les vecteurs de transfert manquent). Quelques exemples de gènes acquis par transfert horizontal à partir de bactéries ont néanmoins été signalés chez diverses espèces d'eucaryotes.

Une dynamique continuelle vers toujours plus de complexité

Arrivés à ce stade, nous avons vu les principaux processus responsables de l'évolution des gènes, et comment ils s'imbriquent pour produire l'étonnante complexité et la diversité des génomes. Il nous reste à voir comment cette dynamique s'inscrit dans le long enchaînement des générations qui caractérise l'évolution biologique.

Les comparaisons permises par les très récentes données sur les génomes de l'homme et du chimpanzé illustrent certains aspects de ce problème. Pendant le temps relativement limité écoulé depuis la séparation des deux espèces (quelques centaines de milliers de générations), les cartes génétiques sont restées quasi identiques : une divergence moyenne de séquences de 1,4 % s'est établie entre les deux génomes, ce qui est environ quinze fois le taux d'hétérozygotie propre à chaque espèce. C'est peu, et inférieur au taux d'hétérozygotie interne à beaucoup d'autres espèces animales et végétales. Pourtant, avec cette divergence limitée, la plupart des protéines homologues entre l'homme et le chimpanzé ne sont pas rigoureusement identiques, et environ 20 % d'entre elles sont même assez fortement différentes. Parmi les quelque quarante millions de nucléotides qui diffèrent entre les deux génomes, il ne sera donc pas aisé d'identifier ceux qui expliquent les différences physiques et comportementales entre les deux espèces.

Nous ne savons pas non plus quelle part est due à l'accumulation de très nombreuses petites différences et quelle part est réservée aux changements cruciaux. L'exemple du gène FOX2P est révélateur. Il est responsable de la synthèse d'une protéine qui joue un rôle dans la transcription d'autres gènes impliqués dans le développement du larynx. La protéine humaine diffère de celle du chimpanzé par deux acides aminés seulement. Mais ces différences pourraient être cruciales, étant donné que ce gène joue un rôle essentiel dans le développement de la parole, comme le montrent des mutations chez l'homme.

Les divergences entre les génomes du chimpanzé et de l'homme ne se limitent pas aux changements de nucléotides. En comparant attentivement le chromosome 22 du chimpanzé et le chromosome 21 de l'homme (son homologue), on observe environ soixante-huit mille insertions et délétions. La plupart sont assez courtes (moins de trois cents nucléotides), d'autres correspondent à l'insertion spécifique de séquences Alu depuis la séparation des espèces (ce phénomène étant plus intense dans lignée humaine), d'autres encore à une variété de délétions de taille significative (quelques dizaines de milliers de nucléotides) qui ont contribué à raccourcir légèrement les chromosomes depuis l'ancêtre commun. Finalement, on note la formation de duplications segmentaires nouvelles et l'insertion de six rétrogènes. L'ensemble de ces différences nous donne une idée de l'intensité des changements opérés durant un nombre relativement limité de générations.

À une plus large échelle de temps, la continuelle dynamique évolutive est illustrée par l'expansion et la contraction des familles de gènes paralogues. Ce phénomène est très général et joue un rôle important dans le processus d'adaptation que permet l'évolution. Un bel exemple est fourni par la famille des gènes des récepteurs olfactifs chez les vertébrés (gènes OR). Ces gènes sont exprimés dans les neurones qui tapissent l'épithélium olfactif et transmettent les informations qu'ils reçoivent au cerveau. Ces informations leur sont fournies par les protéines produites par les gènes OR quand elles fixent les molécules odorantes. Les gènes OR forment une importante famille paralogue due à des duplications ancestrales, chaque gène produisant une protéine reconnaissant un spectre réduit de molécules odorantes, ce qui permet de distinguer les odeurs. Par rapport aux poissons, chez lesquels existent une centaine de copies de gènes OR réparties entre deux loci chromosomiques distincts dans leur génome, les mammifères en ont environ un millier, réparties sur douze à quinze loci distincts. Il y a donc eu des duplications successives de ces gènes, probablement responsables d'une augmentation importante des capacités olfactives des premiers mammifères. Ce phénomène d'amplification massive est la résultante de plusieurs duplications segmentaires et de duplications de copies en tandem. Cette amplification a ensuite été compensée par une inactivation de certaines copies. Limitée chez les souris (5 à 10 % des gènes OR sont des pseudogènes), elle a pris une dimension considérable chez l'homme (70 % des copies sont devenues des pseudogènes), ce qui explique que nos capacités olfactives soient plus réduites. Chez les singes hominidés, on note une réduction graduelle du nombre de copies actives de ces gènes, indiquant une tendance régressive à long terme.

Si cet exemple est spectaculaire, il en existe une infinité d'autres, plus modestes, dans toutes les lignées évolutives explorées jusqu'à présent. Ils mettent l'accent sur le fait que l'évolution des gènes n'est pas un processus linéaire, mais une succession d'essais qui se suivent et parfois s'annulent, et dont on peut retrouver les traces dans les cartes des génomes. À partir de comparaisons faites chez les levures, où la plus petite taille des génomes facilite le travail, on voit l'importance relative des différents phénomènes mentionnés dans ce livre, et comment ils peuvent aboutir à de nouvelles espèces.

Conclusion et perspectives

Si, pour reprendre la célèbre formule de Theodosius Dobzhansky « rien n'est compréhensible en biologie, sauf à la lumière de l'évolution » (*The American Biology Teacher*, 1973), cette dernière n'est, en retour, comme nous l'avons vu, que la conséquence inévitable de la propriété fondamentale de la vie : la reproduction. L'histoire des organismes vivants se résume à celle des réplications successives de leur matériel génétique, modifié par les changements moléculaires (mutations) qui se produisent à chaque étape. Ces événements mutationnels dépendent eux-mêmes de la structure du génome, c'est-à-dire des événements antérieurs. Seule une infime fraction d'entre eux sera retenue dans les générations futures. Contrainte par le passé, l'évolution des génomes ne peut explorer, à chaque étape, qu'un champ très limité de possibles. L'issue de cette exploration partielle contraint l'avenir, mais, par le jeu des mécanismes moléculaires impliqués, elle entraîne l'ensemble vers une complexité globale accrue. À l'échelle des temps géologiques comme à celle de la vie humaine, des changements rapides s'opèrent, qui donnent l'impression que le monde vivant s'adapte à son environnement alors qu'en réalité c'est son matériel génétique qui lui permet d'innover dans de très nombreuses directions, offrant à certains descendants un avantage reproductif sur leurs cousins.

Selon le mot de Michael Yarmolinsky (*Cold Spring Harbor Symposium on Quantitative Biology*, 1981), l'évolution des gènes et des génomes n'est donc, finalement, qu'un petit problème de « répliconnerie ». On pense aujourd'hui que les premières molécules capables de se répliquer devaient être des ARN. Les gènes que nous connaissons ne sont que la version « moderne » de ces premiers « réplicateurs », des avatars apparus à partir du moment où, il y a plus de un milliard et demi d'années, les premières cellules sont devenues capables de fabriquer le désoxyribose. Modifiant les propriétés chimiques des chaînes d'acides nucléiques par rapport à celles qui contiennent du ribose, le désoxyribose permit alors la formation de molécules plus stables et donc beaucoup plus longues que les molécules d'ARN antérieures. Les gènes purent s'aligner les uns derrière les autres, formant de longues molécules d'ADN dont la structure en double hélice n'est en réalité que l'état intermédiaire du processus moléculaire de recopiage de tous les acides nucléiques, maintenu de manière stable. Tout en conservant les traces ubiquitaires du monde ancestral à ARN, le matériel génétique put bénéficier des propriétés nouvelles que lui conférait cette organisation particulière des gènes le long des chromosomes. Les cartes génétiques, comme les séquences d'ADN, sont des successions d'éléments, gènes ou nucléotides, dont l'ordre comme le nombre peuvent être aisément modifiés à la suite d'accidents des mécanismes destinés à les propager. À partir de l'instant où des duplications de gènes, de fragments de séquences ou de groupes de gènes peuvent rester présentes ensemble dans une même cellule car portées par des chromosomes, l'évolution des génomes s'oriente globalement vers une complexité et une taille croissantes. Contrairement aux « réplicateurs » primitifs faits d'ARN, le matériel génétique constitué de longues molécules d'ADN formant des chromosomes permet de conserver une fonction essentielle d'un gène tout en explorant de nouvelles fonctions apportées par d'autres copies de ce même gène. Il permet aussi le maintien des traces d'anciens gènes ou de leurs fragments, éventuellement réutilisables dans le futur, pour de nouveaux assemblages, tandis que des éléments sans fonction essentielle évidente comme les transposons ou les séquences répétées peuvent se multiplier et accélérer, en retour, les changements du génome qui les portent et donc l'évolution de ce dernier.

Dans ce monde à ADN, porteur d'une complexité génétique croissante, les ARN ont conservé un rôle central dans l'expression des gènes, en permettant d'augmenter encore davantage la complexité des organismes. Non seulement ce sont les ARN, et non les gènes, qui déterminent les séquences des protéines, mais ils interviennent à plusieurs niveaux de régulation et, en permettant à un gène de déterminer la synthèse de plusieurs produits, ils font que les gènes peuvent rester en nombre limité dans des génomes trop grands. Des découvertes importantes restent probablement encore à faire avec les ARN. On sait par exemple depuis peu que des ARN permettent à la cellule de contrôler le nombre de ses gènes actifs en inactivant spécifiquement les copies de ceux qui se trouvent en surnombre. Dans certains cas, les ARN déclenchent des régulations dites « épigénétiques », c'est-à-dire que des états phénotypiques différents se propagent de façon stable d'une génération à l'autre sans impliquer de modification du matériel génétique lui-même. Ces phénomènes ne contredisent pas le déterminisme génétique princeps du phénotype, car les ARN impliqués sont, eux-mêmes, des produits de gènes, mais la complexité des phénomènes en jeu fait que la relation du génotype au phénotype n'est pas simple et directe, comme on l'enseigne encore trop souvent. Comme l'écrivait un journal du soir constatant, lors de l'annonce du premier assemblage du génome humain, que le nombre de gènes était trop petit à son goût, « il n'y a pas de gène qui fasse que l'on devienne boulanger ». En réalité, il y en a vingt à vingt-cinq mille.

Glossaire

Allèle : indique l'une des formes (séquences) d'un gène parmi une population d'individus d'une même espèce. Dans une cellule diploïde, deux allèles du même gène sont présents, qui peuvent être identiques (homozygotes) ou non (hétérozygotes).

Blocs de synténie : segments de cartes génétiques de deux espèces différentes qui portent un ensemble de gènes homologues ordonnés de la même façon.

Cadre (ouvert) de lecture : dans une molécule d'ARN messager, c'est la succession des triplets de nucléotides qui permet la synthèse d'une chaîne polypeptidique par traduction des codons en acides aminés, selon le code génétique. Par extension : partie(s) équivalente(s) au niveau du gène.

Chromatine : complexe macromoléculaire composé d'ADN et de protéines (histones) et qui forme la matière des chromosomes.

Délétion : mutation correspondant à la perte d'un segment dans un chromosome ou une molécule d'ADN (perte de nucléotides de la séquence).

Diploïde : se rapporte à une cellule possédant deux copies de chaque chromosome. Par extension : l'organisme formé de telles cellules.

Eucaryote : grand groupe d'organismes uni- ou pluricellulaires (animaux, plantes, champignons, algues, protozoaires) caractérisés par le fait que leurs cellules ont un noyau limité par des membranes, dans lequel se trouve l'essentiel du matériel génétique. Les cellules eucaryotes contiennent aussi des organelles spécialisées dans la respiration (mitochondries) ou la photosynthèse (chloroplastes chez les plantes et les algues) qui possèdent leur propre ADN.

Expression (des gènes) : ensemble des processus moléculaires de la cellule conduisant du gène à son (ses) produit(s). Dans tous les cas, l'expression d'un gène commence par sa transcription en molécule d'ARN.

Gènes paralogues : gènes homologues (deux ou plus) présents ensemble dans un même génome à la suite d'une (plusieurs) duplication(s) ancestrale(s).

Génotype : ensemble de tous les allèles d'une cellule ou d'un organisme. Selon l'emploi, fait référence à l'ensemble de tous les gènes ou aux seuls gènes considérés.

Haploïde : se rapporte à une cellule possédant une seule copie de chaque chromosome. Par extension : l'organisme formé de telles cellules.

Hétérozygote : indique que les séquences de deux allèles d'un même gène dans une cellule diploïde ne sont pas strictement identiques.

Hétérozygotie (taux d') : probabilité pour qu'un individu d'une population soit hétérozygote pour un gène donné.

Homologue : se dit de gènes (ou de protéines) descendant d'un ancêtre commun.

Homozygote : indique que les séquences des deux allèles d'un même gène dans une cellule diploïde sont strictement identiques.

Inversion : mutation correspondant à un changement d'orientation (sans changement de place) d'un segment d'un chromosome ou d'une molécule d'ADN.

Micro- et minisatellites : répétitions de copies en tandem de courtes (mini-) ou très courtes (micro-) séquences. Sources de polymorphisme par variation du nombre de copies.

Mutation : altération d'un gène (changement de séquence nucléotidique), d'un fragment de chromosome (changement de carte génétique) ou d'un jeu de chromosomes (changement de nombre) produisant une cellule ou un organisme différent de son parent et qui transmettra cette différence à sa propre descendance.

Phénotype : caractéristiques observables d'une cellule ou d'un organisme, manifestation de son génotype.

Polymorphisme : multiplicité des formes alléliques d'un gène au sein d'une population.

Polyploïde : se rapporte à une cellule possédant plus de deux copies de chaque chromosome. Par extension : l'organisme formé de telles cellules.

Polyploïdisation : mutation conduisant à la formation d'une cellule ou d'un organisme polyploïde.

Procaryote : groupe hétérogène d'organismes généralement unicellulaires dont les cellules ne possèdent ni noyau ni organelles. En réalité, les procaryotes (définis par opposition aux eucaryotes) regroupent deux ensembles distincts d'organismes : les bactéries et les *archae*, eux-mêmes très diversifiés. Par rapport à ceux des eucaryotes, les génomes des procaryotes montrent des différences significatives dans leur organisation.

Pseudogène : gène (ou fragment de gène) dérivé d'un gène ancestral actif après mutation(s) ou après transcription réverse incomplète (pseudogène maturé) et rendu inactif.

Réplicon : dans un chromosome, unité de réplication constituée par l'ensemble des régions adjacentes à une origine de réplication et soumises à son influence.

Rétrogène : gène provenant de la transcription réverse d'une molécule d'ARN.

Séquence Alu : type d'éléments génétiques mobiles (courts) très abondants dans les génomes des primates.

Transcription : processus de synthèse d'une molécule d'ARN utilisant une molécule d'ADN comme matrice.

Transcription réverse : processus de synthèse d'une molécule d'ADN utilisant une molécule d'ARN comme matrice.

Translocation : mutation correspondant au déplacement d'un segment de chromosome vers un nouvel emplacement.

Transposon, rétrotransposon : élément génétique mobile, c'est-à-dire capable de se déplacer d'un locus à un autre dans un génome, soit de manière autonome (s'il contient les gènes nécessaires à sa transposition), soit de manière non autonome (en utilisant les produits des gènes des autres transposons de la même famille). Les rétrotransposons se déplacent par l'intermédiaire des molécules d'ARN qu'ils produisent et qui subissent une transcription réverse.

UTR : région non traduite dans une molécule d'ARN messager, située en amont ou en aval du cadre ouvert de lecture. Par extension : partie équivalente au niveau du gène.

Bibliographie

Terence A. Brown, *Génomes*, Paris, Flammarion médecine-sciences, 2004.

Antoine Danchin, *La Barque de Delphes : ce que révèle le texte des génomes*, Paris, Odile Jacob, 1998.

Stuart J. Edelstein, *Des gènes aux génomes*, Paris, Odile Jacob, 2002.

Josué Feingold, Marc Fellous et Michel Solignac (dir.), *Principes de génétique humaine*, Paris, Hermann, 1998.

Walter Gehring, *La Drosophile aux yeux rouges*, Paris, Odile Jacob, 1999.

Pierre-Henri Gouyon, Jean-Pierre Henry et Jacques Arnould, *Les Avatars du gène : la théorie néodarwinienne de l'évolution*, Paris, Belin, 1997.

François Jacob, *La logique du vivant*, Paris, Gallimard, 1970.

O. Jaillon *et al.*, « Genome duplication in the teleost fish Tetraodon nigroviridis reveals the early vertebrate proto-karyotype », *Nature*, n° 431, 2004, p. 946-957.

Hervé Le Guyader (dir.), *L'Évolution*, Paris, Belin/Pour la science, 1998.

Matt Ridley, *Génome : autobiographie de l'espèce humaine en 23 chapitres*, Paris, Robert Laffont, 2001 ; rééd. Pocket, 2003.

James Dewey Watson, *ADN, le secret de la vie*, Paris, Odile Jacob, 2003.

James Dewey Watson, *Gènes, génomes et société*, Paris, Odile Jacob, 2003.

Table des matières

Dans la même collection :

n° 1. *Qu'est-ce que l'humain ?* de Pascal Picq, Michel Serres et Jean-Didier Vincent

n° 2. *Pourquoi notre mémoire est-elle si fragile ?* de Francis Eustache

n° 3. *Qu'est-ce que mourir ?* sous la direction de Jean-Claude Ameisen, Danièle Hervieu-Léger et Emmanuel Hirsch

n° 4. *Classification et Évolution* de Hervé Le Guyader

n° 5. *Maîtriser la consommation d'énergie* de Bernard Laponche

n° 6. *Histoires de sexe et désir d'enfant* sous la direction de Pierre Jouannet et Véronique Nahoum-Grappe

n° 7. *Et la matière devint vivante…* de André Brack

n° 8. *Les Ordinateurs de demain* de Alain Schuhl

n° 9. *Apprivoiser la douleur* sous la direction de Bernard Calvino

n° 10. *Climat : chronique d'un bouleversement annoncé* de Didier Hauglustaine, Jean Jouzel et Hervé Le Treut

n° 11. *Les Premières Sépultures* de Bruno Maureille

n° 12. *Les Débuts de l'élevage* de Jean-Denis Vigne

n° 13. *Les Premiers Outils* de Pascal Picq et Hélène Roche

n° 14. *Des prothèses pour le cerveau* de Jean Delbeke

n° 15. *Le Téléphone de demain* de Michel Riguidel

Ce livre fait suite à des conférences qui
se sont tenues à la Cité des sciences
et de l'industrie les 9, 16 et 23 janvier 2003.

Achevé d'imprimer sur rotative
par l'Imprimerie Darantiere à Dijon-Quetigny
en avril 2005

N° d'éditeur : 0178-01/1
N° d'impression : 25-0446
Dépôt légal : avril 2005

Imprimé en France